아이슬란드
여기까지이거나
여기부터이거나

아이슬란드
여기까지이거나
여기부터이거나

초판 1쇄 발행 2017년 11월 15일

지은이 박유진
발행인 송현옥
편집인 옥기종
펴낸곳 도서출판 더블:엔
출판등록 2011년 3월 16일 제2011-000014호

주소 서울시 강서구 마곡서1로 132, 301-901
전화 070_4306_9802
팩스 0505_137_7474
이메일 double_en@naver.com

표지종이 랑데뷰 울트라 화이트 210g
본문종이 뉴플러스 미색 100g

ISBN 978-89-98294-37-3 (03980)

도서출판 더블:엔은 독자 여러분의 원고 투고를 환영합니다. '열정과 즐거움이 넘치는 책'으로 엮고자 하는
아이디어 또는 원고가 있으신 분은 이메일 double_en@naver.com으로 출간의도와 원고 일부, 연락처 등을
보내주세요. 즐거운 마음으로 기다리고 있겠습니다.

카피라이터/박유진의/글과/사진으로/써내려간

|

아이슬란드
여기까지이거나
여기부터이거나

|

박유진 지음

더블:엔

드디어, 아이슬란드

| 10여 년 전, 모로코에서 백패커로 반 년을 떠돌아다녀본 후 나에 대해 알게 된 건 '아, 내가 여행을 꽤 즐길 줄 아는 사람이구나'였다. 어느 나라를 가든 불만이 많거나 겁이 많은 편도 아니었다. 다만 한 가지 아쉬운 게 있다면 나의 이 마이너한 취향을 받아줄 동지가 없다는 것이었는데 1년 전 비로소 그 동지가, 생의 반쪽이라 불리는 '남편'이라는 사람이 생겼다. 어느 한쪽으로 기울지 않은 취향, 긍정적이고 꼼꼼한 성격 그리고 빈틈 많은 와이프 뒤에서 조용한 조력자를 자처하는 그는 정말이지 더없이 완벽한 인생의 동지이자 여행 동지였다. 겨울의 아이슬란드를 가게 된 것도 그랬다. 예고도 없던 나의 제안에 넙죽 "그래!" 응해준 것이다. 아이슬란드행 비행기에 올랐을 때만 해도 우리 머릿속 버킷리스트에는 마치 강박처럼 오직 '오로라' 뿐이었다. 하지만 여행을 시작한 지 겨우 하루 만에 오로라는 이곳에서 만날 수 있는 수많은 놀라움들 중 일부일 뿐이라는 걸 깨달았다. 그 놀라움들이란 오로라처럼 눈이 부시게 아름답고 영험한 순간만을 말하는 것이 아니다.

우리가 넋을 놓고 감탄했던 것들은 용암이 굳어진 자리를 뚫고 올라오는 작은 풀 한 포기, 살아있음을 온몸으로 증명하는 대지 그리고 하늘과 어울려 편안히 누운 경치 같은 그저 소박한 자연 그대로의 모습들이었다. 그 소소한 풍경들에게서 받은 감동이 잊힐세라, 여행을 다녀오자마자 편집 디자인 프로그램을 배웠고, 투고를 했고, 책을 내기로 했다. 그러다 보니 부족한 부분이 보여 나는 6개월 만에 다시, 혼자, 여름의 아이슬란드행 비행기에 올랐다. 빨간 소형차를 빌려 2주 꼬박 운전대를 잡았고 원하는 곳 어디서나 멈추어 섰다. 원 없이 달린 아이슬란드의 서부와 북부는 내게 또 다른 속살을 허락해주었고 덕분에 이 책에 겨울과 여름의 아이슬란드를 풍성하게 담을 수 있게 되었다.

짝사랑하는 이에게 쓰는 편지가 그렇듯, 또 광고의 카피를 쓰는 일이 그렇듯, 글이란 우리가 말로 다 할 수 없을 때 쓰게 되는 것이라 생각한다. 이와 같은 이유로 나의 글과 사진을 통해 우리가 만났던 아이슬란드를 당신에게 전하고자 한다. 언젠가는 당신의 아이슬란드를 만나길 바라며. |

"하늘과 수평인 것들은 모두 자연이다"

– 훈데르트바서 (Friedensreich Hundertwasser) –

CONTENTS

008 아이슬란드로 떠나는 당신을 위한 8가지 팁

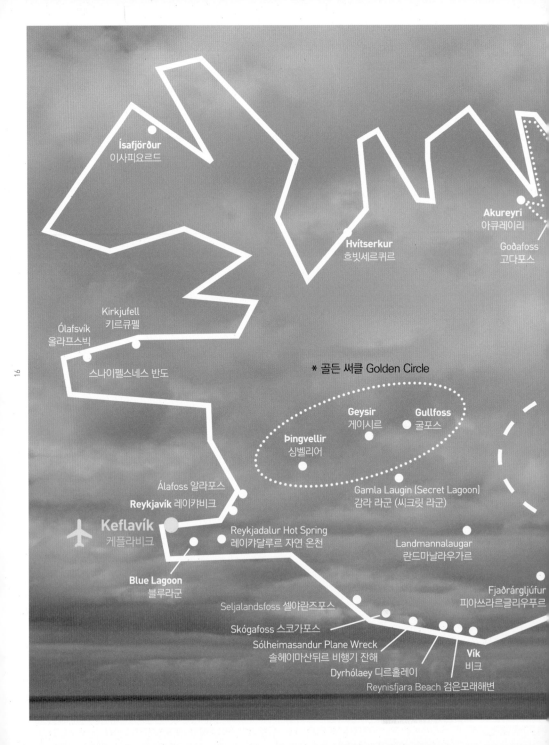

Ísafjörður
이사피요르드

Akureyri
아큐레이리

Goðafoss
고다포스

Hvítserkur
흐빗세르퀴르

Kirkjufell
키르큐펠

Ólafsvík
올라프스빅

스나이펠스네스 반도

＊ 골든 써클 Golden Circle

Geysir
게이시르

Gullfoss
굴포스

Þingvellir
싱벨리어

Álafoss 알라포스

Reykjavík 레이캬비크

Gamla Laugin (Secret Lagoon)
감라 라군 (씨크릿 라군)

✈ **Keflavík**
케플라비크

Reykjadalur Hot Spring
레이캬달루르 자연 온천

Landmannalaugar
란드마날라우가르

Blue Lagoon
블루라군

Fjaðrárgljúfur
피아쓰라르글리우푸르

Seljalandsfoss 셸야란즈포스

Skógafoss 스코가포스

Sólheimasandur Plane Wreck
솔헤이마산뒤르 비행기 잔해

Vík
비크

Dyrhólaey 디르홀레이

Reynisfjara Beach 검은모래해변

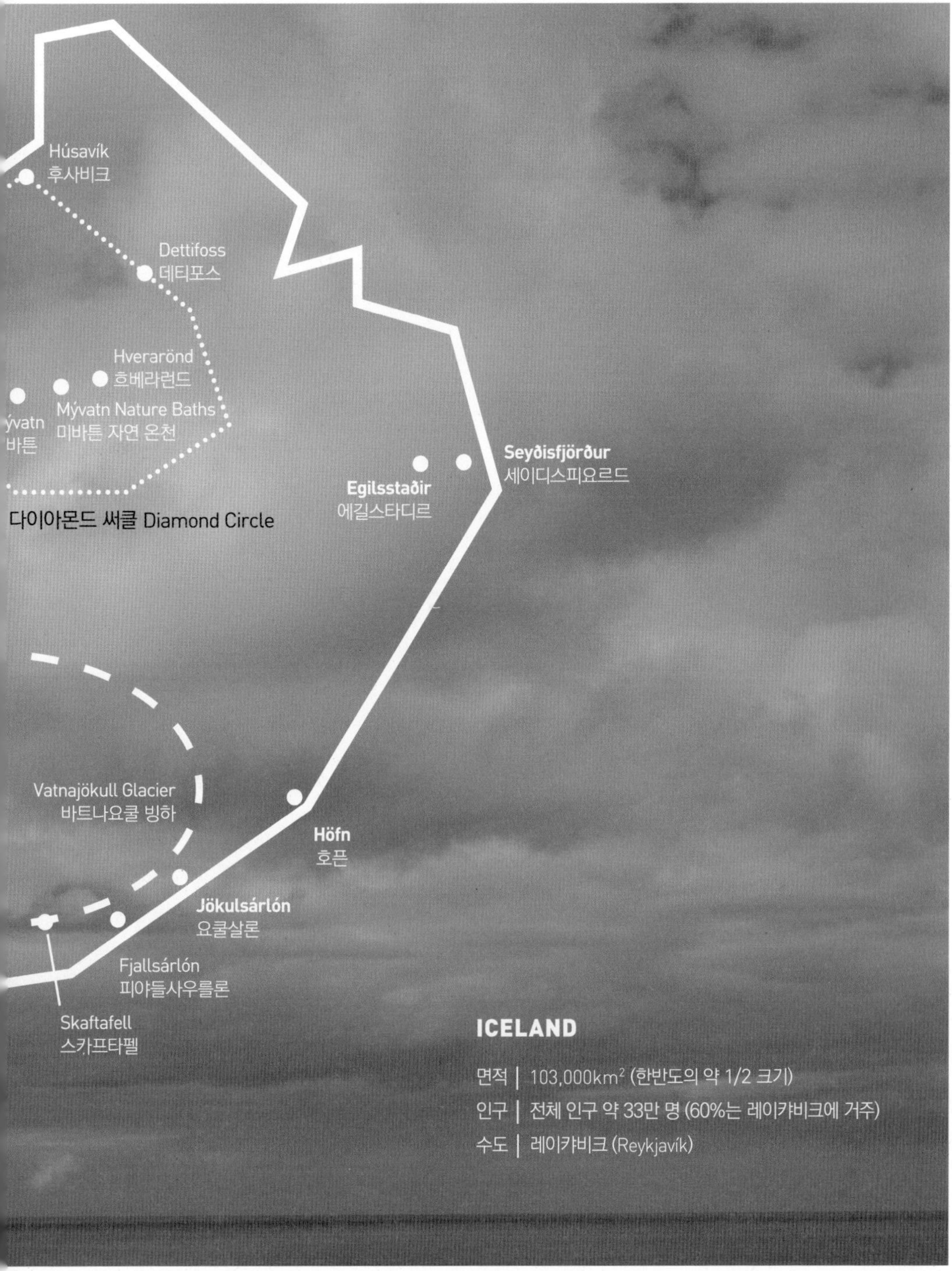

Húsavík
후사비크

Dettifoss
데티포스

Hverarönd
흐베라런드

Mývatn Nature Baths
미바튼 자연 온천

ývatn
바튼

다이아몬드 써클 Diamond Circle

Egilsstaðir
에길스타디르

Seyðisfjörður
세이디스피요르드

Vatnajökull Glacier
바트나요쿨 빙하

Höfn
호픈

Jökulsárlón
요쿨살론

Fjallsárlón
피야들사우를론

Skaftafell
스카프타펠

ICELAND

면적 | 103,000km² (한반도의 약 1/2 크기)
인구 | 전체 인구 약 33만 명 (60%는 레이캬비크에 거주)
수도 | 레이캬비크 (Reykjavík)

누구에게나
쉬어가야 할 권리가 있다

당신에게는
떠나야 할 의무가 있다

S O U T H   W E S T

ICELAND

#001 _ 아이슬란드 남서부 _ WINTER

| Reykjavík 레이캬비크 | _____ | Bæjarins Beztu Pylsur 페야린스페추필쇠르 |

| 아이슬란드 여행의 시작은 역시, 페아린스페추필쇠르 핫도그. 세계적으로 사랑받는 이곳의 역사는 무려 1927년까지 거슬러 올라간다. |

| 아이슬란드의 칼바람에 적응이 쉽지 않은 관광객들과는 달리 스타일리시했던 현지 멋쟁이들. 살을 에는 바람에도 무심한 듯 옷깃만 여밀 뿐이다. |

| 바이킹의 후예답게 호기로운 인상의 이곳 사람들은 보기와는 달리 낯을 많이 가리는 편이지만 아이들의 천진한 웃음에는 경계심이 없다. |

| 아이슬란드에서는 부모들이 일을 보는 동안 당연하게도 유모차를 가게 밖에 둔다. 우리에겐 낯설지만 이곳에선 익숙한 일 그리고 부러운 일 |

| 뮤지션이자, 파트타임으로 일하는 Tumi의 추천 앨범들이 모두 완벽했기에 두 번째 여행 때도 찾아가 보았지만, 아쉽게도 그는 해외공연 중이었다. |

| 돌아보면 철없는 학창시절이긴 했지만, 내겐 확실한 신념이 하나 있었다. 잘하는 일은 업으로 삼되 좋아하는 일은 평생 즐기자는 신념. 그 덕분에 나는 선망하던 '광고'라는 일을 업으로, 또 그토록 좋아하던 '음악'은 여전히 사랑하는 것으로 남겨둘 수 있었다.

사실, 중·고등학교 시절에는 이름보다는 '그 반에 노래 잘하는 애'로 불렸고 대학 때는 운좋게 대학가요제에서 은상을 수상하기도 했지만 스스로 조금 부족하다는 사실을 잘 알고 있었기에 직장인이 되어서는 직장인 밴드로 또 지금은 가끔 무대에 오르는 재즈 보컬로 그 짝사랑을 이어가고 있다. 이렇다 보니 어느 나라를 가든지 강박적으로 서점, 레코드 가게, 재즈 클럽 이렇게 세 곳을 꼭 들르곤 하는데 이 12Tónar 레코드 샵은 경우가 좀 달랐다. 다른 때처럼 부지런히 검색해서 찾아간 곳이 아닌, 혼자 레이캬비크 시내를 걷다가 길거리에 세워진 엽서 가판대에 꽂힌 엽서들에 홀려 들어간 곳이었기 때문이다. 그저 기념품 따위를 파는 데라고 생각하고 엽서 두어 장을 골라 계단을 따라 총총총 올라갔는데 웬걸, 이렇게 멋진 레코드 샵일 줄이야. 아르바이트생이 내려준 에스프레소 한 잔을 들고 한국에서는 구하기 힘든 현지 아티스트들의 앨범을 구경하느라 나는 시간 가는 줄 모르고 1층과 지하를 오르내리며 몇 장의 CD를 선택했고 그렇게 심사숙고 끝에 고른 CD를 들고 계산대로 가려던 그 순간, 가게 안으로 들어오는 백발의 한 남자와 멀끔한 신사분을 만나게 되었다. 어딘가 범상치 않은 포스가 느껴져 말을 걸어보니 백발의 남자는 시애틀 KEXP 90.3 FM 라디오국의 유명 DJ Kevin, 멀끔한 신사는 이곳의 오너인 Larús라고 했다. 책을 쓰러 왔다는 내 얘기를 들은 Larús는 친절하게도 내일 찾아오면 더 많은 이야기를 나눌 수 있을 것 같다고 귀띔해주었고 덕분에 다음 날 나는 그와 함께 이런저런 주제로 장장 네 시간 동안이나 깊고 넓은 대화를 나눌 수 있었다.

음악이라는 같은 공통분모를 가졌다는 이유로, 그저 스쳐 지나가는 여행자에게 이토록 진지한 대화를 허락하다니, 여행 후에는 음악에 대한 내 짝사랑만큼이나 아이슬란드 음악에 대한 애정도 더 깊어질 수밖에 없었다.

아이슬란드 관련 서적이라면 한번쯤 등장하는 12Tónar. 레이캬비크를 들른다면 행여 지나치지 말고 따뜻한 에스프레소와 함께 다양한 CD도 여유롭게 청음해보길. |

| 우연한 기회에 대화를 나누었던 시애틀 라디오 KEXP 90.3 FM의 DJ Kevin Cole과 스타일이 멋졌던 12Tónar의 오너 Larús Johannesson |

| Sundlaugin Recordig Studio | | Kevin의 소개로 찾아간 Sundlaugin |

| '수영장'이라는 뜻의 'Sundlaugin'은 오래된 수영장을 개조해 만든 녹음실로, 시규어 로스의 Takk, Valtari 등 여러 앨범을 녹음한 곳이다. |

| Q. 12 Tónar는 어떻게 시작하게 된 건가요?

Larús: 1998년에 처음 오픈했어요. 그냥 음악이 좋아서 시작했죠. 우리는 음반 레이블도 있는데 2003년에 첫 앨범을 냈어요. 경험이 필요했기 때문에 시간이 좀 걸렸죠. 와, 그러고 보니 내년이면 20주년이군요. 다행히 지금까지 수많은 국내외 아티스트들과 협업하고 있어요. 아, 한국팀과도 같이 CD를 발매했었어요. (그가 보여준 것은 인기리에 방영되었던 MBC 시트콤 〈안녕, 프란체스카〉의 OST였다)

Q. 어떻게 레이블까지 만들게 되었나요?

Larús: 젊은 뮤지션들에게는 커리어를 시작할 계기가 필요한데 우리가 그 가교 역할을 하고 싶었죠. 뮤지션들에게 가장 중요한 건 세상 밖으로 나오는 거니까요. 우리 레이블에서는 다양한 장르의 음악을 다 취급해요. 음악엔 높고 낮음, 또는 좋고 나쁨이 없다고 생각해요. 음악도 결국 비즈니스이다 보니 힘들긴 하지만 난 여전히 열정적으로 즐기며 일을 하고 있어요.

Q. 한국의 경우 유명하지 않은 뮤지션들은 생활고에 시달리기도 하는데 이곳 뮤지션들은 어떤가요?

Larús: 음, 비슷해요. 때문에 이곳의 많은 뮤지션들은 또 다른 직업을 가지고 있어요. 하지만 음악의 바탕은 열정이니까, 좋아하는 걸 하는 사람은 행복하다고 생각해요. 세상엔 부자이면서도 불행한 사람이 너무나 많잖아요?

Q. 많은 사람들이 아이슬란드 음악을 좋아하는 이유는 뭔가 특별하기 때문이예요. 어쩌면 아이슬란드 자체가 특별한 나라이기 때문인 것 같은데 당신의 생각은 어떤가요?

Larús: 내 답은 YES 또는 NO. 여행을 하면서 느꼈겠지만 아이슬란드는 굉장히 익스트림한 나라죠. 난 이런 환경이 앞으로도 더 다양한 사운드를 만들어내는 에너지가 될 수 있을 거라 기대해요. 영감이나 많은 요소들이 이곳의 환경에서 처음 시작한다고 해도 과언이 아니니까요. 하지만 음악은 그게 다가 아니예요. 일단 이곳의 뮤지션들은 다른 사람들의 평가를 크게 신경 쓰지 않아요. 그저 하고 싶은 걸 하는 거죠. 난 그게 제일 중요하다고 생각해요. 이런 마인드가 바로 엣지 있고 흥미로운 사운드를 만든다고 생각하니까요. (계속) |

| Larús: 그리고 아이슬란드는 교육 시스템이 완벽한 나라예요. 음악 교육도 마찬가지입니다. 이젠 너무나 유명해진 시규어 로스도 음악적 이론이 탄탄한 멤버들로 구성된 밴드죠. 어느 날 갑자기 '어, 내가 지금 뭘 작곡한 거지? 괜찮은데?' 하는 식으로 음악을 만드는 게 아니라는 뜻입니다. 나는 이 다양한 요소들로 인해 소위 '아이슬란드'스러운 음악이 만들어지는 거라고 생각해요.

Q. 마지막으로 한국 사람들에게 아이슬란드 뮤지션들을 추천해주실 수 있나요?

Rökkurró - 2006년에 데뷔한 아이슬란드 음악 그룹. 몇 장의 앨범 발표 후, 12Tónar 레이블과 계약했다. 그들의 2007년 데뷔 앨범 'Það kólnar í kvöld (It's Colder Tonight)'은 2007년 아이슬란드, 유럽 및 일본에서 발표되어 큰 호평을 받았다.

Skúli Sverrisson - 아이슬란드 작곡가 겸 베이스 기타리스트. 지난 20년 간 그는 Lou Reed, Ryuichi Sakamoto, Johann Johannsson 등 많은 유명인들과 함께 작업해 왔으며, Ólöf Arnalds, Blonde Redhead의 녹음 및 음악 감독과 예술 감독으로 활동했다.

Hjaltalín - 현재까지 3개의 앨범을 발표한 아이슬란드 밴드로, 그들의 두 번째 앨범 Terminal은 2010년 아이슬란드 음악 시상식에서 올해의 앨범으로 선정되었다.

Jóhann Jóhannsson - 2002년부터 솔로 앨범을 발표하고 연극, 무용, TV 및 영화를 포함한 다양한 매체의 음악을 작곡한 아이슬란드 작곡가. 최고의 오리지널 악보로 아카데미상과 골든 글로브를 수상했다.

Samaris - 이들의 데뷔 앨범은 2013년에 발매되었으며, 19세기 아이슬란드의 시에서 발췌한 가사에 그들의 전자음과 매력적인 보이스를 입혀 개성 넘치는 전자음악을 완성했다.

Steindór Andersen - 아이슬란드 전통 창법인 Rímur로 전설적인 인물인 그는 Sigur Rós와의 협연으로도 유명하며, Sigur Rós의 Heima (at home) 영상에도 참여하였다.

(그의 추천을 토대로 Google, Youtube, Wikipedia를 참조하여 정리하였음)

| 카메라 앞에서 긴장하는 아빠를 위해 꺄르르 웃어주던 장난꾸러기 막내 Sofia |

| 아이슬란드 국민들은 높은 독서량 만큼이나 인구 대비 작가의 수도 많은 지적인 나라이다. (1인당 출판율 1위 국가 - 인구 1000명당 약 3권 출간) |

| Reykjavík |

| 레이캬비크의 명소, 티외르닌 (Tjörnin) 호수. 잿빛의 새끼들과 함께 고고하게 산책을 즐기는 백조 가족을 바로 앞에서 만날 수 있다. |

| Hallgrímskirkja 할그림스키르캬 |

| 17세기의 성직자이자 시인인 Hallgrímur Pétursson의 이름을 따온 교회 할그림스키르캬는 레이캬비크를 상징하는 대표적인 건축물이다. |

| 비좁은 엘리베이터를 타고 할그림스키르캬의 전망대로 올라가면 이곳 사람들이 사랑하는 레이캬비크의 전경을 한눈에 내려다볼 수 있다. |

| 이곳에서는 무릎을 꿇고 촛불을 내려놓는 이도, 창밖을 찍는 이의 뒷모습도, 누구도 예외 없이 신성한 장면을 연출한다. |

| Blue Lagoon 블루라군 |

| 다양한 광물과 미네랄이 뒤섞여 하늘빛을 내는 블루라군. 그 오묘한 색감을 바라보는 것만으로도 지쳐 있던 몸과 마음이 치유되는 듯하다. |

| "언젠가는 아이슬란드를 가고 말 테다"하는 친구들과 얘기를 나누어보면 반드시 등장하는 곳이 바로 이곳, 블루라군이었다. 그 때문인지 처음에는 별 기대 없었던 우리도 이곳을 향해 달리던 날에는 들뜬 마음을 주체하지 못하고 쉴 새 없이 떠들어댔다. 손가락이 쪼글쪼글해질 때까지 있자고, 이런저런 포즈로 사진을 찍자고, 그리고 마음에 드는 사진 한 장을 골라 방에 꼭 걸어두자고.

하지만, 온갖 광물이 뒤섞여 만든 신비로운 연하늘색의 물빛을 보았을 때, 하얀색 머드팩을 마구 바른 채 아이처럼 깔깔 웃는 사람들을 보았을 때, 수영복을 입고 찬바람을 가르며 종종걸음으로 달려가 마침내 블루라군에 몸을 담갔을 때, 우리가 나누었던 대화는 그저 연이은 감탄사뿐이었다. |

| Blue Lagoon |

| Þingvellir National Park 싱벨리어 국립공원 |

| 북아메리카판과 유라시아판이 만나는 곳, '만남을 위한 평원'을 의미하는 싱벨리어 국립공원에서 만난 실루엣의 연인 |

| 섭씨 80~100도를 오가는 게이시르의 지열지대 |

| Geysir - 골든 써클 투어 중 하나인 이 간헐천은 여기가 불의 땅임을 증명이라도 하듯 뜨겁게 끓어오르다가 최대 60m까지 솟아오른다. |

| Gullfoss 굴포스 |

| 굴포스는 고원의 빙산에서 흘러나온 비타강 계곡에 위치한 폭포로 너비는 20m, 높이는 2.5km에 이른다. 이곳 역시 골든 써클에 속한다. |

| Gullfoss |

| 해가 뜨면 그 빛을 받아 황금색으로 빛이 난다고 해서 '황금 폭포'라 불리지만 그 웅장한 자태는 황금색으로 빛나지 않아도 충분히 압도적이다. |

SOUTH COAST

I C E L A N D

#002 _ 아이슬란드 남부 해안 _ WINTER+SUMMER

| 엘프를 바라보며 |

하늘을 덮은 푸른 밤
나도 덮어버린 푸른 밤
창밖으로 손을 내밀어본다

뺨 아래 숨겨진 나의 하루
어제, 오늘에 대해 생각하지
파란색의 잠옷을 입고 잠을 청했어
부드러운 베개를 쓰다듬으며 눈을 감았지
이불을 머리 끝까지 덮었어

나를 바라보는
작은 엘프가 나타났지만
움직이지는 않았어
그저 그곳에서
빛나는 채로 있었지

눈을 뜨고 일어나
몸을 풀고 확인해보니
모든 것은 처음처럼 그대로였고
나에겐 어떤 그리움만이 남아 있었어

| 시규어 로스 |

Sigur Rós

1994년 아이슬란드의 레이캬비크에서
결성된 밴드로 '승리의 장미'라는 뜻이다

| 스코가포스로 향하는 길에 한 무리의 말들을 만났다. 가까이 다가선 우리 때문인지 우지끈하는 소리와 함께 한 놈의 다리가 작은 나무다리 아래로 쑥 빠졌고, 순간 그 소리에 놀란 친구들도 일제히 모여들었다. 하지만 놀란 것도 잠시. 도와줄 수 있는 상황이 아니란 것을 직감한 듯 다른 녀석들은 하나둘 흩어져 제 할 일들을 했지만, - 그중엔 털이 가려운지 초지일관 말뚝에 얼굴을 긁기만 하던 눈치 없는 녀석도 있었다 - 어째 한 녀석만큼은 곁에서 끝까지 친구를 지키고 서 있었다. 그 친구의 응원 덕분일까. 녀석은 몇 차례의 시도 끝에 무사히 다리 위로 올라왔고 별 상처 없이 친구들 곁으로 돌아갔다. 어쩜 별 것도 아닌 일일 텐데 괜스레 눈물이 핑 돌아서 우리는 그 말을 향해 아낌없이 박수를 쳐주고는 다시 차에 올랐다.

황량한 화산길 5km를 달리는 중에도 맑았다 비가 내렸다 우박이 떨어졌다를 반복하는 척박한 이곳에서 생명을 마주하는 순간은 늘 경이로웠다. 다친 친구 곁을 떠나지 않던 말, 어깨를 맞대고 누워 강풍을 이겨내던 이끼들, 태초의 생명력을 뿜어내는 폭포들의 위력적인 물줄기를 맞이하는 그런 순간들 말이다. |

| Reykjavík - Skógafoss 레이캬비크 – 스코가포스 |

| 순식간에 일어난 일에 위로하듯 몰려든 친구들. 척박한 이곳에서 생명을 마주하는 순간은 늘 경이로웠다. |

| 하루는 저녁식사 자리에서 몇몇 현지인과 이런저런 대화를 나누었다. 대부분의 주제는 아이슬란드에 대한 것들이었는데 동석한 30대 중반 남자 셋 가운데 한 명이 아이슬란드 사람들에게는 어딘지 모르게 차가운 데가 있다며 고백 아닌 고백을 했고, 그의 얘기에 다른 한 친구가 덧붙인 이유는 매우 흥미로웠다. 나라를 통틀어 인구가 겨우 33만여 명인 나라, - 서울 강남구 인구만 해도 56만 명이 넘는다 - 그렇게나 적은 인원이 이 나라에 뿔뿔이 흩어져 살고 있다 보니 그만큼 개인의 공간이 넓어서 자기가 느끼는 개체 거리, 즉 나와 타인의 거리가 가까워지는 것에 대해 자연스레 불편함을 느낄 수밖에 없다는 것이었다. 그러니 행여 차가워 보이는 사람들을 만나더라도 그건 속마음과 달리 그런 데서 오는 오해라며 이해해달라는 얘기도 잊지 않았다.

하지만 여행 중 내가 느꼈던 건 조금 달랐다. 비록 짧은 시간이었지만 가까이에서 지켜본 그들에게는 어떤 '의연함'같은 것이 있다고 생각했으니까. 이를테면 가식적인 웃음을 짓기보다는 정직하게 필요한 때를 알고 이야기를 건네던 사람들, 눈보라가 휘날리는 중에도 그것이 그저 일상인 듯 반려견과 함께 유유히 산책을 즐기던 남자, 험한 날씨 때문에 불안해 하던 관광객들과는 달리 솔선하여 차분히 주변 차량들의 소통을 정리하던 그런 모습들 말이다. 그건 이곳의 사람들만이 아니라, 어떤 날씨에도 묵묵히 제자리를 지키고 서 있던 들판의 양과 말들에게서도 느껴지는 것이었다.

어떤 상황에도 극으로 치닫지 않을 것 같은 의연함. 그건 어쩌면 불의 땅이자 얼음의 나라인 이 극과 극의 대자연에 순응하는 동안 습득된, 이 땅의 강인한 풀과 꽃들이 가진 그것처럼 당연한 것이리라 생각한다. |

| 중력을 거슬러 자라는 이끼들 때문이었을까. 차를 세우고 들어간 동굴에는 마치 엘프가 살고 있을 것만 같은 신비로움으로 가득했다. |

당신에게도
피어야 할 이유가 있다
생을 짓누르는 엄청난 무게에도
고결히 솟아오르는
저 들꽃처럼

| Skógafoss 스코가포스 |

| 인간에게는 자연이 빚은 거대한 물줄기, 새들에겐 그저 안락한 둥지. 의미는 상대적이지만 절대적으로 아름다운 풍경 |

| Skógafoss |

| 전문 포토그래퍼가 아닌 데다가 예측이 불가한 날씨 때문에 특히, 겨울의 아이슬란드를 찍는 일은 호락호락하지 않았다. 바람은 사방에서 불어와 따귀를 때렸고 폭포 곁에 설 때면 얼굴이며 렌즈에 방향도 없이 물방울들이 튀어 올랐다. 저렴하게 구매한 조악한 삼각대는 바람이 훅 불어오면 픽 쓰러지기 일쑤여서 카메라를 고정하는 삼각대를 맨손으로 잡은 채 맨땅에 앉아 있기도 했다. 기온은 그리 낮지 않았지만 카메라를 들고 있는 시간이 길어질수록 손에 맺힌 물방울이 그대로 얼어붙는 것은 예사였다. 그럼에도 불구하고 즐거이 그 과정을 즐길 수 있었던 것은, 내 마음을 나보다 더 빨리 눈치채는 남편 덕분이었다. 사진이고 뭐고 기운이 다 빠져 있는 날이면 곁에서 다시 열정을 불살라준 이가 그였고, 조수석에 앉아 병든 닭처럼 꾸벅꾸벅 졸고 있자면 행여나 찍고 싶어 하는 것들을 놓칠세라 차를 세우고 내가 일어나기를 기다려주었던, 그는 말 그대로 나의 '단짝'이었다.

하고 싶은 일이나 해야 하는 일에 대한 열정은 넘치지만 감정적으로는 불안했던, 나처럼 부족한 영혼이 또 다른 영혼을 만나 완벽히 하나가 되는 경험은 기적같은 일이라 생각한다. 때문에 현재의 당신이 완벽하지 않다고 해서 스스로를 책망할 필요는 없다. 어느 날, 또 다른 불완전한 존재가 다가왔을 때, 그와 함께 완전한 하나가 되면 되니까. |

홀로 거닐던 말은
드넓은 풍광과 하나되어
외로워 보이지 않았다
도리어 그곳이 모두
제 것인 듯 평안할 뿐

하나와 하나가 만나
더 큰 하나가 되는 기적
당신과 함께
그 기적을 경험하는 기적

| Skogar Museum / Skógasafn - 여행을 하다가 작은 집을 만났다면 당신은 지금 엘프의 집 앞에 선 것이다. |

| Skogar Museum / Skógasafn - 스코가 뮤지엄에서는 실제 집을 그대로 옮겨온 아이슬란드의 전통가옥 (Turf House)을 체험해볼 수 있다. |

| 변화무쌍한 날씨에도 버틸 수 있도록 이끼로 덮인 구조가 특징인 전통가옥은 지금도 사람이 살고 있는 듯, 작은 소품들까지 잘 보존되어 있다. |

| Skogar Museum / Skógasafn |

| 더 이상 사용되지 않는 소박한 크기이지만, 들어서는 순간 어떤 신성함이 느껴지는 스코가 뮤지엄 내 교회 |

| Skogar Museum / Skógasafn |

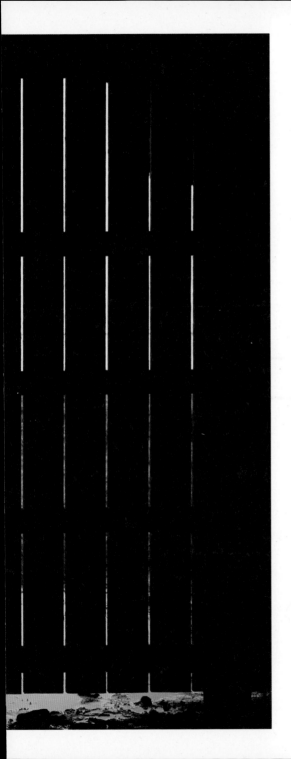

나의 새벽을 깨워주는
사람과 함께라서

그 어떤 풍경 앞에서도
나를 향해 먼저 셔터를 눌러주는
사람과 함께라서

유치한 노래를
웃으며 따라 불러주는
사람과 함께라서

순간의 감탄을 나눌 수 있는
사람과 함께라서

그 사람이 당신이라서
당신과 함께라서

| Sólheimasandur Plane Wreck 솔헤이마산뒤르 비행기 잔해 |

1973년 비상 착륙한 미군 비행기 잔해를 보기 위해 사람들은 2km의 거리를 푸념 없이 걸어간다. 역시 사람들의 마음을 움직이는 건 이야기의 힘이다. |

| Sólheimasandur Plane Wreck |

| 차가운 바닥에 누운 비행기 잔해의 심정을 헤아리고 싶었던 것일까. 남자는 그곳의 돌을 베개 삼아 한참 동안 그 자리를 떠나지 않았다. |

| Sólheimasandur Plane Wreck |

| 오래된 풍경을 간직하는 방법은 여러가지다. 글을 쓰거나 사진을 찍거나 그림을 그리거나 혹은 돌을 베고 누운 남자처럼 같은 마음이 되어보거나. |

| Dyrhólaey Lighthouse 디르홀레이 등대 |

| 저마다의 개성이 독특하여 매력적이었던 아이슬란드의 등대들. 해변을 내려다보며 우뚝 선 그 자태가 과장되지 않고 우직하다. |

| Dyrhólaey Lighthouse (1927년 / 높이 13m) |

| 수백만 년 전, 화산 폭발 후 용암이 굳어 만들어진 디르홀레이는 'eyja'라는 이름으로도 알려져 있다. 아이슬란드어로 '에이야'는 섬이라는 뜻 |

| Dyrhólaey 디르홀레이 |

| 바다를 향해 한 걸음 내디딘 거대 바위와 검은 화산재가 깔린 해변. 어느 곳에서 그 어떤 것을 바라보아도 태초의 지구와 마주할 수 있다. |

남자는
야수같던 파도를 향해
걸어가더니 멈추어 선다

바다와 파도
일몰의 황홀한 변주를
멈추어 서서 바라만 본다

그는 알고 있을 것이다

눈으로 간직하고
포말에 적셔지는 것이
이 순간을 기억하는
가장 아름다운 방법이란 것을

그것은 어쩌면
사랑하는 이의 얼굴을
바라보는 것과
다르지 않다는 것을

| Vík 비크 |

| 아름다운 바닷가 마을 비크. 이곳의 시그니처 풍경인 언덕 위 빨간 지붕 교회는 겨울이면 오로라를 찍는 포인트로 사랑받는 곳이기도 하다. |

혼자이기보다는 함께이길
그저 여럿이기보다는
마음이 맞는 이와 함께이길

여행은 술과 같아서
기분 좋게 취하고 싶다면
누구와 함께인가가
가장 중요하니까

| Landmannalaugar 란드마날라우가르 |

| 3~4일 트레킹 코스로 사랑받는 란드마날라우가르. 지구가 보여줄 수 있는 모든 색을 한 팔레트에 담은 듯 오묘한 색의 조화가 인상적인 곳이다. |

| Landmannalaugar |

| 의도한 건 아니었지만 실수로 이끼를 밟거나 잡초라 생각한 풀을 뽑았을 때 곁에 있던 현지인들은 깜짝 놀란 표정으로 "Respect Nature!" 라며 사뭇 진지하게 주의를 주곤 했다. 대자연이 나라의 전 재산인 아이슬란드에선 당연한 일이었고 자연을 존중해야 함은 마땅한 도리이지만 그 진지함이 그 어떤 나라보다 더 묵직하였기에 어느 날 우연한 기회에 말을 섞게 된 현지인에게 그 궁금증을 털어놓았다.

나 : 이곳 사람들은 항상 자연을 존중하라고 하는데, 자연을 대하는 태도가 다른 나라들보다 더 진지한 것 같아. 그건 학교에서 배우는 거야? 아니면 어릴 때부터 집에서 그렇게 교육받는 거야?

Joi (요이) : 물론 그런 교육을 받기도 하지. 근데 주변을 둘러봐. 우리는 늘 이런 환경에서 자라왔어. 해가 지지 않는 여름의 백야, 낮보다 밤이 긴 겨울. 그리고 5분마다 달라지는 날씨. 그 속에서 우리는 자연의 놀라운 힘을, 무서움을 그리고 아름다움을 보며 자랐어. 그러면서 저절로 습득된 거야. 이런 작은 이끼들은 사소해 보이지만 자라는데 수백 년이 걸려. 그런데 짓밟히는 건 한순간이지. 내가 어릴 때는 몇몇 특이한 사람들만 겨울의 아이슬란드를 여행했지만, 지금은 우리나라 국민들보다 더 많은 사람들이 이 나라를 찾아. 단순한 호기심이나 사진을 찍기 위해 규칙을 어기고 금지된 행동을 하는 사람들 때문에 매년 사고도 끊이질 않지. 사람과의 관계도 마찬가지지만, 네가 자연을 존중하지 않는다면 자연도 너를 존중해주지 않아.
아이슬란드를 찾는 수많은 여행자들이 이것만은 꼭 기억해주었으면 좋겠어. |

"Respect Nature."

네가 존중하지 않는다면
너도 존중받을 수 없어

| Fjaðrárgljúfur - 언뜻 어려운 이름 같지만 피아쓰라 (Fjaðrá)는 이곳을 가로지르는 강의 이름, 글리우프르(Gljúfur)는 계곡이라는 뜻이다. |

| Fjaðrárgljúfur 피아쓰라글리우프르 |

| 100m 높이의 계곡과 2km에 걸쳐 흐르는 강이 만드는 장관. 미니어처처럼 보이는 사람들이 이곳의 스케일을 짐작케 한다. |

| Fjaðrárgljúfur |

| 영화 〈Oblivion (2013)〉의 촬영지이기도 했던 이곳은 현지인들에게는 생애 한 번뿐인 웨딩사진 촬영을 위한 배경이 되어주기도 한다. |

우연히
북쪽 하늘에 뜬
일곱 개의 별을 발견하고
차를 멈추었을 때

하늘의 끝자락에서
오로라가 피어올라
춤을 추기 시작했다

우연히 듣게 된 노래 한 소절
우연히 읽은 책 한 구절
우연히 마주친 어떤 순간처럼

우연이란 늘 강렬하고
또 황홀한 것이다

| Reykjanes lighthouse |

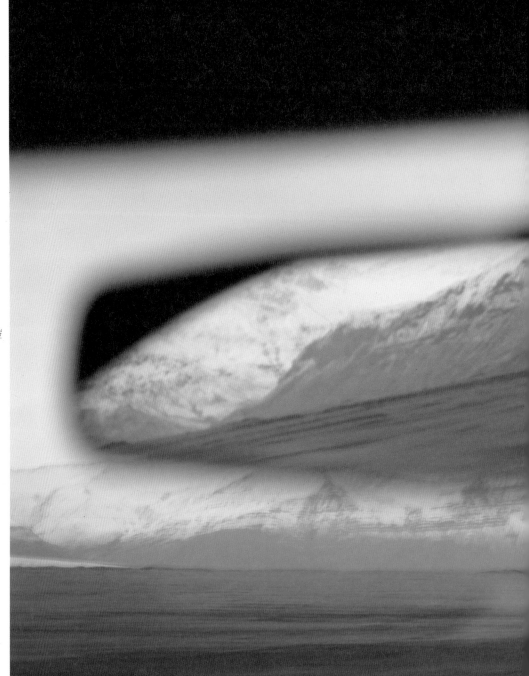

원하는 방향을 향해
각자 다른 길을 가는 것

틀린 길을 돌다 보면
더 많은 것을 알게 되는 것

예상치 못한 곳에 도착했을지라도
최선을 다해 그 순간을 즐기는 것

그 여정을
누군가는 여행이라 하고
누군가는 인생이라 한다

| Skaftafell National Park 스카프타펠 국립공원 |

| 유럽에서 가장 큰 빙하인 '바트나요쿨'의 속살을 만져볼 수 있는 스카프타펠 국립공원. 이 풍경을 마주하면 당신은 두 눈을 의심하게 될 것이다. |

| 두 번째 아이슬란드 여행은 그간의 밀린 생각을 하기에는 더없이 좋은 시간이었지만 홀로 한 나라를 일주하는 일은 분명 외로운 것이었다. 그러나 지루한 길을 견뎌내고 나면 그 외로움을 달래주기라도 하듯 황홀한 풍경이 선물처럼 등장하고는 했는데, 덕분에 감동은 늘 두 배 세 배 크게 다가왔다.

그렇게 외로움과 보상의 여정이 반복되던 어느 날, 길 끝의 소실점을 향해 달리는데 문득 '이거, 내 인생이랑 비슷한데' 라는 생각이 들었다. 지난 37년간의 여정. 집안의 사업이 IMF에 직격탄을 맞은 뒤 등록금만큼은 뽑아가겠다는 일념으로 실습실에서 살다시피 했던 대학시절. 카피라이터 3년 차, 회사를 그만두고 백팩 하나 챙겨 떠난 6개월간의 북아프리카 여행. 일과 음악을 병행하기 위해 퇴근 후 한 시간 여 떨어진 연습실로 달려가던 날들. 그리고 이 책을 준비하며 홀로 깨어 있던 새벽녘.

요란하고 재미가 넘치는 날들 사이에서는 마음이 부산스러워 오롯이 집중할 수 없었던 것도 있었을 테지만, 어느 날 내가 이만큼 왔구나 싶을 때 뒤를 돌아보면 그곳엔 어김없이 그만큼의 버텨낸 시간이 있었다. 거창하게 들릴 수도 있겠지만 이번 여행을 통해 '외로움의 가치'를 깨달았다고 해도 될까.

《노인과 바다》를 집필하던 어니스트 헤밍웨이는 "고독한 싸움만이 위대하다"고 했고, 혼자 있기를 즐긴다는 일본 작가 요시모토 바나나는 "사람에게 필요한 건 어둠이다"라고 하였으며, 얼마 전 신작을 쓴 소설가 정찬주는 인터뷰에서 "많은 사람들이 외로움이 힘이 된다는 사실을 모른 채 두려워하는 것 같다"고 말했다. 나는 헤밍웨이가 말한 '위대한 싸움'이, 요시모토 바나나가 말한 '모두에게 필요한 어둠'이, 소설가 정찬주가 말한 '외로움의 힘'이 내가 생각한 '외로움의 가치'와 크게 다르지 않다고 생각한다.

지금 어딘가를 향해 가고 있는 당신이 홀로 외롭게 걷고 있는 것처럼 느껴진다면, 당신은 옳은 길을 가고 있는 것이라고, 그건 당연한 것이라고, 서로의 어깨를 토닥이며 표표히 위로하고 싶다. 그러니 그 길의 끝에서 당신을 기다리고 있을 황홀한 풍경을 마주하는 순간까지 부디, 지치지 않기를. |

| Fjallsárlón 피야들사우를론 |

지금 달리고 있는 그 길이
지루하다 해도
험난하다 해도
계속해서 달릴 것

당신이 나아간 만큼
풍경은 달라질 테니까

| 북쪽으로 향하는 길, 눈에 들어오는 나지막한 산이 있어 사진으로 남겨두었는데, 돌아오는 길에는 완전히 다른 얼굴을 보여주었다. |

| 같은 장소에서 시시각각 달라지는 풍경을 마주할 수 있는 건, 익스트림한 아이슬란드가 가진 가장 큰 매력일 것이다. |

| Jökulsárlón 요쿨살론 |

| 바트나요쿨에서 녹아 흘러나온 빙하들이 모이는 얼음 호수로, 수천 년을 살아온 빙하들이 강물로 녹아들기 전 만나는 종착지이다. |

당신의 얼굴은
아이를 닮았다

아이를 닮은 얼굴은
순수를 잃지 않은 얼굴이다

순수를 간직한 얼굴은
자연의 얼굴이다

[Jökulsárlón]

생을 다한 나무의 영혼이
바람이 되어 숲을 지키듯
생을 다한 빙하는 강이 되어 흘러간다

오롯이 간직해왔던
오랜 이야기를 강물에 털어놓으며
새로이 한 세월을 살아간다

| 입술을 내밀 듯 그저 손을 내민다. 젊은이들은 뜨거워야 사랑이라 믿지만 그들은 그저 따듯한 손을 맞잡는다. 필요한 때를 알고 손을 내미는 것, 또 그 손을 당연히 잡고 걸어가는 저 모습이 일상이 되기까지는 일생이라는 시간이 걸렸을 테다. 새까맣던 머리카락이 은빛으로 저물기까지 그들도 수많은 감정들과 투쟁했을 것이다. 그럼에도 꼭 잡은 그 두 손은 진정한 사랑의 승리자임을 자축하는 세레모니이다. |

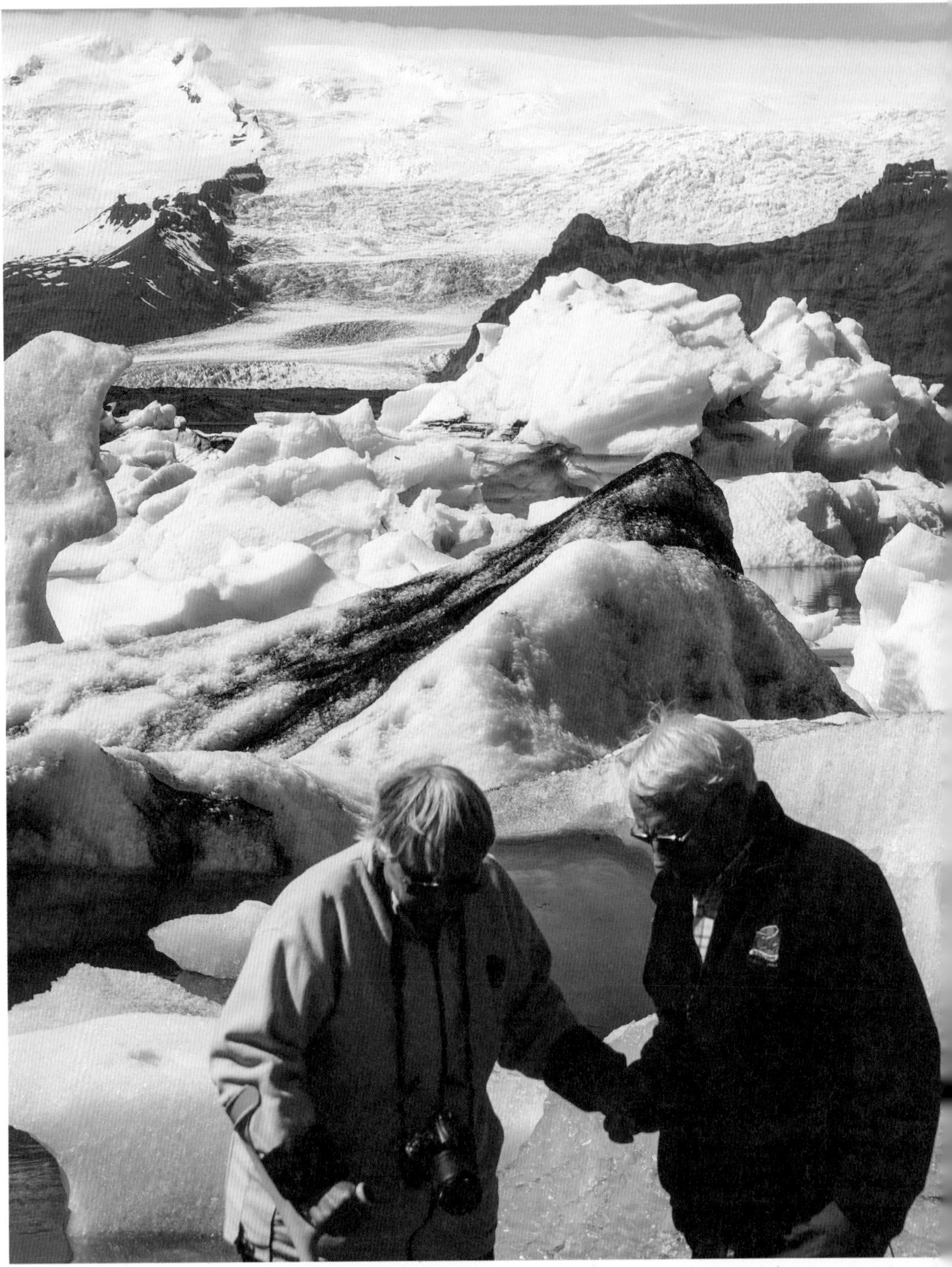

일상의 한 부분이라는 건
일생의 한 부분이라는 것

| Vatnajökull Gracier Cave Tour 바트나요쿨 동굴 투어 |

| 바트나요쿨의 속살을 만져볼 수 있는 방법은 동굴 투어, 빙하 트레킹 등 여러 방법이 있다. 유념할 것은 단 한 가지, '자연에 대한 존중'이다. |

| 키가 2m는 족히 되어 보였던 투어 가이드 아저씨는 지구에서 맛볼 수 있는 가장 순수한 물이라며 나를 번쩍 들어 올려 주었다. |

| Vatnajökull Gracier Cave Tour |

| 우연히도 또 운 좋게도 투어를 예약한 여덟 명 중 우리 부부만 유일하게 시간을 지켜 요쿨살론의 만남의 장소에 도착했다. 다음 투어를 위해 시간을 더 지체할 수 없었던 가이드 아저씨는 어쩔 수 없이 대형 지프에 우리 둘만 태우고 바트나요쿨 얼음 동굴이 있는 곳으로 달렸다. 계획대로라면 열 명이 넘는 관광객들과 함께 달려야 했을 테지만 차 안에는 겨우 우리 둘 뿐이었기에 이동하는 동안 아저씨는 최선을 다해 가이드를 해주려 했다. 영화 촬영을 위한 로케이션 헌팅 일도 한다는 그는 이곳의 설경과 가장 잘 어울리는 곡이라며 차 안 가득 시규어 로스의 노래를 틀어주고는 창밖으로 지나쳐가는 지형들을 하나하나 가리키며 전문가다운 설명을 덧붙여주었다. 이런저런 이야기들이 오고갔지만 대화를 나누는 동안 오롯이 전해진 건, 아이슬란드에서 만난 대부분의 사람들이 그러했듯, 자신의 나라에 대한 자부심과 진심이었다. 20여 분 달렸을까, 저 멀리서만 보였던 그 새파란 빙하가 눈 안 가득 들어올 때 즈음 그의 이야기는 이렇게 끝이 났다.

"정직함 (Honesty). 그것이야 말로 아이슬란드 사람들과 가장 잘 어울리는 단어지. 그건 이 대자연과도 아주 잘 어울리는 단어이니까." |

| Jökulsárlón |

| 아이슬란드에서는 대부분의 다리가 한 차로로 좁혀진다. 조금 어색하더라도 양보해주는 이에게 손을 들어 감사한 마음을 표현해보길. |

| Eyjafjallajökull 에이야프얄라요쿨 |

| 2010년 거대한 폭발로 화제가 된 '에이야프얄라요쿨'은 섬이란 뜻의 'eyja,' 작은 언덕을 의미하는 'fjalla,' 빙하라는 뜻의 'jökull'의 합성어이다. |

| Eyjafjallajökull |

| 남편과 함께 여행했던 지난 겨울에도, 홀로 아이슬란드를 돌았던 이번 여름에도 운전대를 잡는 순간만큼은 한시도 긴장을 늦출 수가 없었다. 본격적으로 링로드가 시작되는 1번 국도에 접어들면 곳곳에 숨은 속도 감시 카메라나 경찰들이 거의 100만 원에 가까운 벌금을 매기기 때문이었다.

다행히도 두 번째 여행 때에는 렌트한 차량에 Cruze (정해진 속도에 맞춰 자동으로 정속을 지키게 해주는 기능) 버튼이 있어서 하루 종일 운전만 해야 하는 날엔 정말이지 엄청난 도움이 되었다. 뒤차가 늦게 오면 늦게 오는 대로, 내 차를 추월해 가면 추월하는 대로 늘 신경이 곤두서 있는 나 같은 타입에겐 꼭 필요한 기능이었으니까. 차를 빌리고 며칠 뒤에야 이 버튼의 존재를 알게 되었는데, 처음으로 'Cruze' 버튼을 누르는 순간, 다른 차들에 대한 눈치와 조바심 그리고 행여 속도를 어길까 봐 1분에도 수십 번을 강약 조절을 해야 했던 신경질적인 발목 스냅이 마법처럼 사라졌고 동시에 속도에 대한 집착과 번뇌 또한 사라지면서 마음의 평안이 찾아왔다. 그리고 여행 중에 몇 번이고 이런 생각을 했다. 'Cruze. 아, 내 인생에도 이 버튼이 있으면 좋겠다. 남들이 앞서가건 쫓아오건 나는 내 페이스 유지하고 갈 길 가는 이 버튼, 내게도 있으면 참 좋겠다.'라고. 돌아보면 나는 늘 그랬다. 여행을 가서 겨우 느긋하게 풀어온 마음을, 그래서 이 마음 꼭 기억하자 약속했던 다짐을, 한국에만 돌아오면 앞사람 뒷사람 속도에 치여 다시 내 속도를 잃어버리고 마는 것이다. 아마, 고향을 떠나 일찍 사회생활을 시작했고 치열한 광고업계에서 앞만 보고 달려오느라 그랬던 것도 있었을 테다.

서른 중반을 넘어 결혼을 하고 이전보다 더 많은 경험을 하고 이제는 성장보다는 성숙해지고 있는 시기에 접어들었지만, 아마 돌아가면 여전히 아이슬란드 1번 국도에서의 그 마음처럼 평안히 내 갈 길, 내 속도를 지키며 달리는 일은 여전히 쉽지 않을 것이다. 하지만 또 앞서거나 뒤서거나 할지라도 이번엔 반드시 노력 해보리라. 마음속 크루즈 버튼을 누르고 타인의 속도와 상관없이 내 페이스대로 달리는 연습을. |

| Höfn 호픈 |

| 호픈에서 만난 수십 마리의 양 떼들. 잘생긴 뿔을 가진 검은 수놈이 양 떼를 함께 몰아가던 장면을 놓칠 수 없어 함께 눈밭을 뛰며 뒤를 쫓았다. |

| 아이슬란드를 여행하는 동안 예고도 없이 나타나는 엄청난 광경들 때문에 카메라는 늘 ON 상태로 대기 중이었다. 휘몰아치는 눈바람에 목숨이 위태로울 때에도 저 길 끝 소실점이 만드는 풍광은 감탄할 만했고 그 순간 우리 곁을 지나던 수십 마리의 양 떼들에 마음을 빼앗기기도 했으며 눈보라가 그치고 다시 맑아진 하늘에 뜬 별과 달에 넋이 나가기도 했다가, 귓등이며 갈기에 소복이 눈이 쌓인 채 그저 묵묵히 서 있던 말들에 시선이 멈추기도 했다. 때문에 나는 눈보라 속에서도 창을 열고 그 풍경을 담거나 행선지도 아닌 곳에서 멈추기도 했고, 어떤 날은 양 떼와 함께 달리며 셔터를 누르기도 했으며 뭔가를 알고 있기라도 한 듯한 표정으로 멈추어 있던 말들의 커다란 두 눈을 마주하고 싶어 조심스레 다가서기도 했다.

당신이 여행하는 그 어느 곳도 예외일 수 없겠지만, 매분 매초가 비현실적이고 아름다운 신비한 나라 아이슬란드에 왔다면 한순간도 방심하지 말기를. 예상치 못한 순간, 선물처럼 등장하는 풍경들 어느 것 하나도 놓치지 않기를. |

E A S T   F J O R D S

ICELAND

#003 _ 동부 피요르드 _ SUMMER

| Seyðisfjörður 세이디스피요르드 |

| 세이디스피요르드 93번 국도로 접어들었을 때, 가장 먼저 나를 맞이한 풍경은 사람들과 함께 훈련 중이던 수십 마리의 미끈한 말들이었다. |

| 우연히 만난 차창 밖 수십 마리의 말과 그들 곁을 지키고 서 있는 사람들의 모습은 그 자체로 완벽한 풍경화를 보는 듯했다. |

| 각자의 말 앞에 서준 사람들. 역시, 마음을 나누면 닮게 되는 것일까? 커다란 눈망울에 짙은 눈썹, 금빛의 머리카락이 서로를 닮아 있었다. |

나를 사랑하는 법을 잊었을 때도
나를 사랑해주는 존재라면

| 여행 중 만난 가장 작았던 현지인. 누군가에게는 낯선 정경들이 이 아이에겐 그저 일상적인 장면으로 기억될 것이다. |

| Seyðisfjörður |

| 2013년. 갑작스럽게 엄마가 돌아가시고 정신을 차릴 틈도 없이 내 몸에도 좋지 않은 경과가 있어 곧바로 큰 수술을 해야 했다. 다행히 수술 후 경과는 좋았지만 그 두 가지 일을 당하고 난 후 나는 뭔가에 홀린 듯 그동안 미뤄두었던 일들을 하나씩 해나가기 시작했다. 자세한 사정을 알지 못하는 몇몇 지인들은 그런 나를 보고 갑자기 버킷리스트라도 생긴 거냐며 의아해하기도 했고 확실히 몽상가 기질이 있는 쪽이긴 했지만 그런 에너지가 어디에서 나온 건지는 나조차도 알 수 없었다.

그때 내게 기폭제가 되어준 곡이 있었으니 아이슬란드 하면 빼 놓을 수 없는 영화, 〈월터의 상상은 현실이 된다〉의 메인 테마곡 José González의 'Step Outside'였다. 주문처럼 반복되는 "Time to step outside, Time to step outside." 그리고 아이들의 떼창으로 이어지는 그 곡은 마음속 무언가를 움직이게 하는 에너지가 있었다. 어쩌면 그 음악이 내 마음속 어딘가에 '아이슬란드'라는 씨앗을 숨겨두었던 것일까. 두 번째 여행에는, 첫 여행 때 가보지 못했던 월터의 상상이 현실이 되었던 곳, 스케이트 보드를 타고 시원스레 달려 내려가던 그곳을 꼭 가보리라 결심했다. 빠듯한 이동 일정 때문에, 주유할 때 미리 사 두었던 샌드위치를 입에 물고 꼬박 12시간을 운전만 하며 달려간 '세이디스피요르드.' 점점이 놓인 양 떼들과 인사를 나누며 그저 한없이 비포장 길을 따라 몇 시간을 달리자 마침내 '세이디스피요르드 93번 도로' 표지판과 함께 과연 영화와도 같은 구불구불한 길이 등장했다. 투명한 하늘과 구름, 그리고 초록의 능선과 곡선의 아스팔트 도로만 존재했던 그 영화와도 같은 길이 내 눈앞에 펼쳐진 것이다. 잠시 감격에 겨운 숨을 고르고, 준비해 간 CD를 꺼내 'STEP OUTSIDE'를 플레이하고, 마침내 그 풍경 속으로 흘러 들어갔을 때, 벅차오르던 감정은 그 길을 달려본 사람만이, 그리고 그 길을 상상해왔던 사람만이 느낄 수 있는 것이었다. '월터의 상상은 현실이 된다'를 두고 한 평론가가 말한 것처럼 '마침내 현실이 상상을 넘어설 때의 해방감.' 정말 그것에 가까운 기분이었으니까. |

용기를 내야 하는 아주 잠깐의 순간

그거면 충분해

알지 못했던 곳으로 뛰어들어 봐

너의 삶은 결코 예전과 같지 않을 테니

− 'Walter Mitty' 대사 중 −

| Seyðisfjörður |

| 영화에서 월터가 도착한 작은 펍, ALDAN. 영화에서처럼 무심히, 하지만 여전한 모습으로 관광객들을 맞이하고 있다. |

| Seyðisfjörður |

| 여름의 아이슬란드는 히치하이커, 자전거, 오토바이로 여행하는 사람들에게도 길을 허락한다. 이 어린 양들에게는 아직 낯선 풍경일 테지만. |

DO WHATEVER

JUST TO STAY ALIVE.

- 'Walter Mitty' OST 중 -

NORTH

I C E L A N D

#004 _ 아이슬란드 북부 _ SUMMER

| Hverarönd 흐베라런드 |

IT ONLY TAKES
ONE SET OF
FOOTPRINTS
FOR THOUSANDS
TO FOLLOW.
. .
STAY SAFE
.
RESPECT NATURE

| 살아있는 지구를 확인할 수 있는 흐베라런드. '수천 명이 따라갈 수 있는 발자취면 충분합니다 - Respect Nature'라는 팻말이 인상적이다. |

SLYSAHÆTTA
Heitir hverir undir yfirborði vatns
Böðun stranglega bönnuð

DANGER
Hot spots under water surface
Bathing strichtly forbidden

| Hverarönd |

| 뜨거우니 조심하라는 경고판이 있지만, 기꺼이 손을 희생하는 할아버지. 나이 불문, 국적 불문. 하지 말라는 건 더 해보고 싶은 게 본능이니까. |

| Mývatn Nature Baths 미바튼 자연 온천 |

| 레이캬비크 근처에 위치한 블루라군과 비슷하지만 그보다 더 상업화되지 않은, 자연 그대로의 모습을 간직하고 있는 미바튼 자연 온천 |

| Mývatn Nature Baths |

| 백야의 밤 12시, 미바튼 호수의 노을이 아름다워 잠시 차를 세웠다. 계속 운전만 하다 보니 음악을 틀어놓은 것도 깨닫지 못한 채 몇 시간을 달렸던 모양이다. 차를 세우고 창문을 내리자, 차 안 가득했던 음악 소리를 밀어내고 저 멀리 염소 소리와 함께 신선한 공기가 차 안을 채우며 들어왔다. 갈 길은 멀었지만, 가만히 내려 앉은 노을이 아름다워 사진이라도 찍을 요량으로 잠시 내리려는데, 엔진 소리마저 멈춘 그 적막 속에서 따다다다닥 하는 소리가 들려왔다. 소리를 좇아 고개를 돌려보니 작은 새 한 마리가 제 그림자를 떨쳐내고 호수를 가르며 날아오르고 있었다. 굉장한 장면은 아니었지만, 음악 소리를 줄이지 않았다면, 차의 엔진을 멈추지 않았다면 들을 수도 볼 수도 없었을 귀한 장면을 목격한 것이다.

한동안 고요함이 주는 소중함을 잊고 지냈다. 오래 전 사하라에 갔을 때, 모닥불만 시끄럽게 타오르던 그날 밤에 나는 '시규어 로스'의 음악이 제격일 것 같다며 작은 스피커를 꺼내 볼륨을 높였고, 함께 있던 가이드 아저씨는 '음악은 어디서든 들을 수 있지. 하지만 고요함은 오직 이곳에서만 들을 수 있어. 그러니 지금은 이 고요함을 즐겨 보도록 해.'라며 스피커의 음악 소리를 줄인 일이 있었다. 그때 무언가 '아!' 하는 것이 있었는데, 그때의 깨달음이 거의 십 년 만에 겹쳐 떠올랐다.

그렇게 얼마간 홀로 감격의 시간을 보내다가 더 늦어지기 전에 다시 차에 올랐다. 그리고 한동안은 백야의 고요와 창밖의 소리에 귀 기울이며 길을 달렸다. 이번 여행 동안에는 그 소중함을 놓치지 않으리라 다짐하며. |

여행은 나를 줄이는 법을 배우는 것
나를 줄일수록 더 또렷해지는 것들을 위해

| Dimmuborgir / Black city - 크리스마스에 찾아온다는 13명의 악동, Yule Lads가 살고 있다는 용암이 굳어져 만들어진 블랙시티 |

| 그 13명의 율레 라즈 이야기 때문인지, 곳곳에서 사람의 형상이 그대로 굳어진 듯 보이는 거대한 현무암 덩어리들을 목격할 수 있었다. |

| Goðafoss 고다포스 - 높이 12m, 폭 30m에 달하는 신들의 폭포 |

| '신의 폭포'라는 이름의 고다포스는 현재 국교인 그리스도교로 이전의 이교도 동상들을 이곳에 던져버렸다는 이야기에서 유래된 이름이다. |

| Dettifoss 데티포스 - 높이 44m, 폭 100m에 달하는 유럽에서 가장 힘찬 폭포로, 영화 〈프로메테우스〉의 압도적인 첫 장면에도 등장한다. |

| 인증샷을 남기기 바쁜 젊은이들과 달리 나이 지긋한 이들은 그저 걸터앉아 엄청난 유속의 물살을 지켜본다. 마치 지나온 인생을 관망하듯. |

모든 것은
자연이 알려주는
그대로이다

더 높은 곳을 위해
오르는 때가 있다면

더 낮은 곳으로
흐르는 법을 깨치는 때가 온다

Drottningarbraut

| Akureyri 아큐레이리 - 하트 모양의 신호등을 만났다면, 아이슬란드 북부의 수도라 불리는 '아큐레이리'에 도착했다는 신호다. |

| Akureyri - 어린 딸을 위해 바다와 가까워지는 법을 알려줄 수 있어 행복하다던 아빠와 그런 아빠 곁에서 기꺼이 친구가 되어주던 어린 딸 |

| 여행하는 동안 사람보다 가축을 만나는 빈도가 높은 나라이지만, 규모가 큰 도시 아큐레이리에서는 가족 단위의 사람들을 자주 만날 수 있다. |

| Akureyrarkirkja |

| 1940년에 지어져 이곳 사람들의 신실한 믿음의 상징이 된 아큐레이리 교회. 낮은 언덕 위에서 아큐레이리 시내를 조용히 내려다보고 있다. |

| Hvítserkur 흐빗세르퀴르 |

| 썰물 때에만 온전히 그 모습을 드러내는 바튼스네스 반도 해안가의 흐빗세르퀴르. 마치 목을 축이고 있는 거대한 생명체처럼 느껴진다. |

| '흐빗세르퀴르'는 아이슬란드어로 '흰 셔츠'라는 뜻으로, 이곳에 살고 있는 새들의 배설물 때문에 표면이 하얗게 굳어져서 붙은 이름이다. |

SNÆFELLSNES

PENINSULA

#005 _ 스나이펠스네스 반도 _ SUMMER

| 혼자 링로드(1번 국도를 따라 아이슬란드를 일주하는 루트)를 일주하자니, 운전석에 앉아 있는 시간이 꽤 길었다. 가끔 지루한 풍경이 펼쳐질 때면, 내 마음을 눈치라도 챈 듯 어딘가에서 양들이 나타나고는 했는데 황량한 곳에서 가끔 등장하는 그 녀석들의 존재감은 꽤 컸다. 번식기를 지난 것인지 겨울에 왔을 때와 달리 어미 곁에는 두어 마리의 새끼들이 늘 함께 폴짝이며 따라다녔는데, 그 모습이 백번을 보아도 귀여워서 나는 상황이 허락될 때마다 차를 세우고 사진을 찍었다.

이곳 사람들의 양에 대한 애착과 자부심은 2016년에 개봉한 영화 〈Lambs〉에도 잘 드러나 있다. 아이슬란드에서 태어나고 자란 감독은 한 인터뷰에서 아이슬란드에서 양을 치는 사람들은 양들과 진심으로 깊은 교감을 나눈다며, 그 모습을 담고 싶었다고 했다. 봄이 되면 푸르른 하이랜드에서 양들이 마음껏 뛰어놀도록 방목을 해두고 그동안에는 양 치는 사람들끼리 모여 자신의 양을 자랑하기 바쁜 그들의 일상은 영화에도 등장하는데, 대략의 줄거리는 이렇다. 바로 옆집에 살면서도 40년간 말도 않고 지내는 늙은 형제는 평생을 양을 키우는 데에 헌신한다. 하지만 어느 날, 양들에게 전염병이 퍼지고 정부로부터 모두 도살하라는 방침을 전달받게 된다. 결국 가족같은 양을 모두 제 손으로 도살하고 매일을 술독에 빠져 사는 형과는 달리, 동생은 몇 마리의 양을 지하에 몰래 숨겨둔다. 어느 날 정부 관계자가 그 사실을 알고 강제로 도살하러 몰려오자, 형제는 양을 대피시킬 방법을 찾기 위해 수십 년 만에 처음으로 서로에게 의지하게 된다. 그럼에도 불구하고 도망칠 곳을 찾지 못한 그들은 엄청난 눈보라가 휘몰아치는 높은 산으로 양 떼와 함께 올라가고, 한 치 앞을 내다볼 수 없는 눈보라 속에 함께 사라져버린다는 내용이다.

너무나도 아이슬란드적인 소재와 스토리여서 인상 깊었던 영화로 남았지만, 이런 특별한 존재감에도 불구하고 수년 전부터는 80만 마리에 육박하던 그 수가 현실적인 이유로 점점 줄어들고 있다고 한다. 짧게나마 지켜본 아이슬란드인들은 무엇을 존중하고 지켜야 하는지를 아는 사람들이었다. 그들이 양과의 더 행복한 공존을 위한 방법을 반드시 찾아낼 수 있기를, 그래서 영화에서처럼 애먼 곳으로 내쫓기는 것이 아닌, 아이슬란드를 찾는 사람들에게 언제까지나 지루한 풍경 속의 위안으로 남아주기를 바라본다. |

| Kirkjufell 키르큐펠 |

| 사람도 동물도 어린 것들은 낯선 이를 보면 쪼르르 달려가 엄마 뒤에 숨는다. 꼭 필요한 존재. 그래서 대자연을 'Mother Nature'라 부르는 걸까. |

| Kirkjufell |

| 그 생김새 때문에 '교회의 산'이라 불리는 키르큐펠은 아이슬란드인의 순수한 영혼이 깃든, 현지인들에게 큰 사랑을 받는 산이다. |

S O U T H   W E S T

ICELAND

#006 _ 다시, 아이슬란드 남서부 _ SUMMER

| Reykjadalur Hot Springs 레이캬달루르 온천 |

레이캬비크에서 한 시간 여 떨어진 산 중턱에 위치해 있어 주차장에서 약 3km의 트레킹 코스를 걸어가야 만날 수 있는 자연 온천, 레이캬달루르 |

| 트레킹이 힘들어도 포기하지 말 것. 그 어떤 곳보다 최고로 꼽을 만한 곳으로 그저 몸을 담그고만 있어도 지상의 낙원을 경험할 수 있을 테니. |

| 산 정상에서부터 시작된 자연 온천이라 고온의 열탕이 섞여 있지만, 이곳의 오리나 양들은 온천을 즐기는 방법을 이미 알고 있는 듯했다. |

모나거나 거칠어도
둥글거나 뒤틀려도
휘어지거나 납작해도
그 모습 그대로 괜찮아

같아지려 할수록
보여주려 할수록
거짓이 되니까

| Gamla Laugin 감라 라군 - The Secret Lagoon으로도 알려진, 1891년에 지어진 최초의 수영장. 나무 앞의 낡은 건물은 최초의 탈의실이다. |

| 레이캬비크에서 두어 시간 지리한 풍경을 지나면 보물처럼 숨어 있는 최초의 수영장 '감라 라군'을 찾을 수 있다. 'Gamla'는 '오래된' 이라는 뜻 |

| Gamla Laugin - The Secret Lagoon |

"왜 아이슬란드야?"
"음... 그냥"

그 어떤 조건도
이유도 필요하지 않을 때
무조건적인 마음으로
무심코 내뱉는 말

'그냥'

그보다 더 많은 이유가 필요하다면
나는 다시 생각해본다
그건 어쩌면 진심이 아닌 일이니까

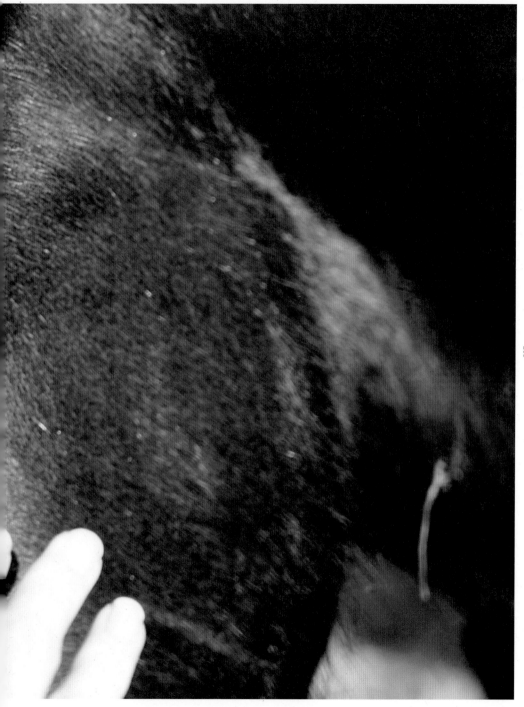

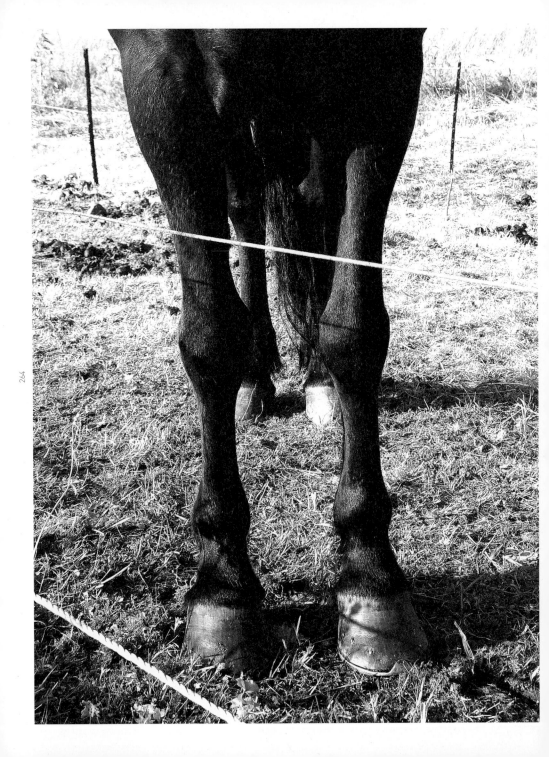

여기까지이거나

여기부터이거나

답은 당신에게 있다

ICELAND

01.
아이슬란드는 왜 ICELAND일까

| '아이슬란드'는 그 이름이 주는 느낌 때문인지 궁금증을 불러 일으키는, 한번쯤 가보고 싶은 이미지가 강하다. 겨울이면 실제로 많은 눈이 내리기도 하지만 화산 활동으로 인한 지열로 강물이 얼지 않는 나라, 여름엔 대자연이 살갗을 드러내는 이 아름다운 나라에 왜 아이슬란드라는 이름을 붙였을까? 호기심에 찾아본 그 유래는 흥미로웠다. 가장 먼저 아이슬란드에 이름을 붙인 건, 9세기 중반의 바이킹 Naddoddr. 그는 노르웨이에서 페로 제도로 가는 길에 우연히 큰 섬을 발견하게 되고 여름을 보내는 중에 눈 녹은 물이 산에서 흘러 나오는 것을 목격하고는 처음으로 이곳에 'Snarkland (눈이 내리는 땅)'으로 이름 짓게 된다. 이후 865년 경, 플로키 (Flóki Vilgerarson)라는 이름의 바이킹이 먼저 항해 중이던 일행을 찾기 위해 아이슬란드의 바트스피요르드 (Vatnsfjörður)로 항해를 시작한다. 하지만 항해 도중 불행히도 그의 딸이 익사하게 되고, 겨울이 되자 엎친 데 덮친 격으로 배에 실렸던 가축들마저 굶어 죽어가기 시작한다. 무사히 아이슬란드에 도착했지만 심신이 지칠 대로 지친 그는 피요르드에 올라 온통 빙하뿐인 풍경을 둘러보고는 처참한 심정으로 'ICELAND'라는 새로운 이름을 부여하게 된다. 이후 노르웨이로 돌아온 플로키는 아이슬란드에 대해 여전히 부정적이었지만 함께 배에 탔던 선원 토리프 (Thorólf)는 아이슬란드를 마치 젖과 꿀이 흐르는 기회의 땅처럼 소문을 퍼뜨렸고, 그 이야기에 바이킹들이 관심을 갖게 되면서 점차 영구적인 정착이 시작되었다고 한다. 그 후 수년 동안 (870 ~ 930) 노르웨이 수장과 탐험가들이 정착하는 동안에도 그들은 플로키가 이름 붙였던 대로 아이슬란드라고 부르게 되고 지금까지 우리는 변함없이 아이슬란드라고 부르고 있다. |

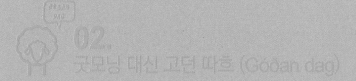

02.
굿모닝 대신 고던 따흐 (Goðan dag)

272

| 아이슬란드인들의 대부분은 영어는 물론 덴마크어나 스웨덴어 또는 독일어까지도 유창하게 구사하기 때문에 굳이 현지어를 위한 특별한 준비는 필요하지 않다. 우리 부부도 여행 중 언어 때문에 고생한 적은 없었으니까. 하지만, 당신이 아이슬란드어 몇 마디만 알아둔다면 무뚝뚝하기로 소문이 난 현지인들도 웃으며 반갑게 응대해주지 않을까? 아이슬란드어에 관한 정보를 찾아보며 흥미로웠던 건 (아마도 날씨 때문이겠지만), '굿모닝'이라는 인사말이 없다는 점이었다. 하지만 '좋은 아침'과 같은 의미로 쓰이는 인사말은 '좋은 하루'라는 뜻의 '고던 따흐 (Góðan dag),' 헤어질 때에는 '블레쓰 블레쓰 (Bless Bless),' Hi 또는 Hello를 의미하는 인사말은 '해이해이 (Hæ hæ),' Yes 는 '야우 (já),' No 는 '네이 (Nei),' Thanks 는 '탁 (Takk)'이다. 그리고 우리나라의 정서를 대표하는 단어가 '정'이라면, 아이슬란드를 대표하는 단어는 바이킹의 후손답게 건배를 뜻하는 'Skál(스까울)'이라고 하니, 잔을 들고 '스까울'이라고 외치면 된다. 추가로, 여행 중 눈여겨보면 좋을 단어들을 정리해보면 다음과 같다. |

[표지판]

Toilet - Snyrting | Open - Opið | Closed - Lokað | Danger - Hætta | Entry - Inn | Exit - út | Parking - Bílastæði | Hospital - Sjúkrahús | Swimming pool - Sundlaug

[마실 것]

Tea - Te | Coffee - Kaffi | Milk - Mjólk | Sugar - Sykur | wine - Vín | Water - Vatn | Orange juice - Appelsínusafi | Beer - Bjór | Low-alcohol beer - Pilsner

03.
창고에서 시작된 축제, 에어웨이브

| 아이슬란드의 대표 뮤직 페스티벌인 에어웨이브 (Airwave)는 1999년 레이캬비크 공항의 한 창고에서 시작된 작은 공연이 그 시초였다. 이후 큰 호응에 힘입어 매년 수백 명의 저널리스트와 음악 관련 업계 사람들이 참석하는 아이슬란드의 메인 뮤직 페스티벌로 자리 잡게 된다. 항공사 '아이슬란드 에어'와 '레이캬비크 시(市)'가 후원하고 매년 10월 말 또는 11월에 개최되며 페스티벌이 열리는 5일 동안은 레이캬비크 도시 전체가 파티 타운이 된다. 이 기간에는 일반 가게나 수영장, 호텔, 뮤지엄, 서점, 심지어 교회를 포함하여 레이캬비크 곳곳에서 많은 뮤지션들의 공연을 실컷 볼 수 있으며, 유명한 해외 뮤지션들은 물론 Sigur Rós, GusGus, múm, Singapore Sling, FM Belfast, Of Monsters and Men, Seabear, sóley, Sin Fang, Trevor Geir, Retro Stefson 등 라이브 공연을 접하기 쉽지 않은 아이슬란드 로컬 뮤지션들의 공연을 볼 수 있는 좋은 기회가 된다. 현지인의 조언에 따르면 에어웨이브를 즐기는 가장 좋은 방법은 '계획하지 않는 것'이라고 조언한다. 작은 바에서 서점으로 서점에서 뮤지엄으로 이곳저곳을 다니며 다양한 공연을 즐기거나, 그 중 가장 마음에 드는 장소에 몇 시간이고 앉아 음악이 당신을 찾아오길 기다리거나, 그곳에서 만난 페스티벌 마니아들 사이에 섞여 함께 흘러가 보는 것도 아이슬란드의 에어웨이브를 즐기기엔 더없이 좋은 방법일 것이다. 아이슬란드를 여행하는 기간이 10월 또는 11월이라면 꼭 한 번 들러보길. 레이캬비크 시내를 돌아다니다가 우연히 바로 눈 앞에서 꿈에 그리던 뮤지션을 만나게 될지도 모르니까. 참고 사이트는 www.icelandairwaves.is |

04.
시규어 로스에 열광하는 당신이라면

| 기억을 더듬어보면 15년 전일까, 사이보그가 등장하는 충격적인 영상을 본 것이 아이슬란드 음악과의 첫 만남이었다. 뇌쇄적인 음색으로 가득했던 그 영상은 모든 아이슬란드 아티스트들의 정신적 지주가 된 비요크 (Björk)의 'All is full of love'라는 곡의 뮤직비디오로, 기존에 내가 듣던 음악과는 완전히 다른 에너지를 가진 음악이었던 것으로 기억한다. 그 이후에도 나는 그녀와 비슷한 신비로운 에너지에 또 한번 완전히 매료되었는데 그 밴드가 바로 지금 전 세계적으로 많은 이들의 사랑을 받고 있는 '시규어 로스 (Sigur Rós)'라는 밴드이다. 시규어 로스의 메인 보컬인 욘시 (Jónsi)의 기타 연주와 보컬을 듣다 보면 돌고래의 음파와도 같은 묘한 음색 때문에 마치 우주를 유영하는 듯한 착각이 들기도 한다. 실제로 아이슬란드인들은 '희망어 (hopelandic)'라는 새로운 언어를 만들어 노래하는 욘시의 목소리를 엘프의 노랫소리에 비유한다고 하니, 아이슬란드인들이 문화·예술적으로 훌륭한 업적을 남길 수 있었던 건 그들이 태어나고 자란 아이슬란드를 그 모든 에너지의 원천으로 하고 있기 때문이 아닐까. 이들의 'Heima'라는 아름다운 공연 영상을 통해 아이슬란드 곳곳에서 소수의 마을 사람들을 위해 자신들의 노래를 연주하는 모습을 볼 수 있으니, 잊지 말고 감상해보길 권한다.

20세기 이후부터는 아이슬란드에 뿌리를 둔 다양한 음악인들이 전 세계적으로 많은 사랑을 받게 되는데, 순전히 개인적인 취향으로 감히 몇 명의 뮤지션을 추천하자면 현지인들의 입소문을 타고 가장 빠르게 그 실력을 인정받았던, 아스게일 (Asgeir), 차갑고 황량한 아이슬란드의 풍광을 피아노, 현악기, 일렉트로닉 소스로 연주하는 올라퍼 아르날즈 (Ólafur Arnalds), 레이캬비크의 레코드 샵의 아르바이트생 Tumi의 추천 앨범이기도 했던 그리고 'Gollum's song'으로 반지의 제왕 OST에도 참여한 에밀리아나 토리니 (Emiliana Torrini), 그리고 그녀의 계보를 잇고 있는 로우 레이 (Low lay), 잘 알려지지 않았지만 재즈를 베이스로 그들만의 스타일로 재해석하는 5집까지 낸 신예 ADHD 등을 추천하고 싶다. |

05.
이야기를 파는 곳, 레이캬비크의 마켓들

Kolaportiðflea market (콜라포르티드 벼룩시장)

〈꽃보다 청춘〉에도 나왔던 플리마켓으로 골동품에서부터 장난감, 옷, 음식, 사탕 등 없는 게 없는 레이캬비크의 보석 같은 장소 중 하나이다. 레이캬비크의 올드 하버에 인접해 있다.

| Tryggvagotu 19 Old Harbor, Reykjavík, Iceland, +354 562 5030

ReykjavíkStreet Food Market (레이캬비크 스트리트 푸드 마켓)

7월부터 8월까지 매주 토요일 수도 중심부에서 열리는 시장으로, 이곳에서는 다양한 음식을 즐길 수 있다. 포겟타구르스 광장 (Fogetagarður Square)에서 이 식도락가의 천국을 발견할 수 있다.

| Vikurgarður (Fogetagarður), +354 618 5071

Reykjavík Christmas Market: Yule Town (크리스마스 시장 율레 마을)

꼭 방문해보아야 할 이 시장은 레이캬비크의 마켓들 중 최고의 마켓이라 해도 과언이 아니다. 아름답게 꾸며진 크리스마스 주택에서 크리스마스 관련 상품들 (음식, 장식, 공예 및 선물)을 판매하고 있으니 어쩌면 가장 특별한 크리스마스 선물을 발견할 수도 있지 않을까.

| Ingolfsorg, Reykjavík, Iceland

Spuutnik (스푸트닉)

Spuutnik 중고품점은 기발한 로컬 상품을 찾고 싶어 하는 사람들을 위한 마켓이다. 특히 세월을 가늠할 수 없는 아름다운 빈티지한 물건들이 가득한 이곳에서 세월을 초월하는 아름다움과 조우해보길.

| Laugavegur118, Reykjavík, Iceland, +354 775 9222

06.
포스(Foss)가 당신과 함께하길

아이슬란드어는 표기하는 방법이나 읽는 방법이 확연히 달라서 우리 부부도 처음에는 지명을 외우고 동선을 짜는 동안 지명들이 뒤섞여 자꾸 헷갈리곤 했었다. 때문에 아이슬란드를 여행하기 전에 몇 가지 접미사들만 알아두어도 그곳의 지명을 이해하거나 외우는데 많은 도움이 될 것이다. 알아두면 좋을 지명들 중 하나가 바로, '포스 (-foss).' '-foss'는 아이슬란드어로 '폭포'라는 뜻으로, 거의 대부분의 폭포 이름 뒤에 붙는다. 아이슬란드를 여행하는 이들이 가장 선호하는 또는 가장 유명한 몇 군데 폭포를 소개하자면 '황금 폭포'라는 뜻의 굴포스 (Gullfoss), 유럽에서 가장 웅장한 규모를 자랑하는 데티포스 (Dettifoss), '검은 폭포'라는 뜻의 스바르디포스 (Svartifoss), '천둥소리'라는 뜻의 계단형 폭포 피얄포스 (Fjallfoss), 그 주변을 한 바퀴 돌면서 폭포가 떨어지는 뒤쪽까지 볼 수 있는 셀랴란디스포스 (Seljalandsfoss), 그리고 'Srasi' 라는 주민이 폭포 뒤에 황금을 숨겨두었다는 전설이 전해지는 스코가포스 (Skógafoss), 높이가 무려 198m에 이르는 글리무르 (Glymur), 아이슬란드에서 두 번째로 높은 높이를 자랑하는 하이포스 (Háifoss) 등이 있다.

07.
아이슬란드를 지키는 빛, 등대

| 아이슬란드에서 등대는 수많은 어업 종사자들의 생존과 직결되어 있었던 만큼 그 소중함에 대해서는 두말할 나위 없을 것이다. 지금에야 항해기술이 보편화되어 그 의존도가 과거만큼 크지는 않겠지만 그럼에도 이곳에서 등대는 기념 우표로 제작될 만큼 그 애정이 각별하다. 겨울과 여름 여행을 통틀어 내가 만난 등대는 총 120여 개의 등대 중 겨우 7~8개에 불과했지만 각각의 개성을 갖고 우뚝 서 있는 그 자태가 듬직하면서도 굉장히 매력적이었다. 아이슬란에서 가장 오래된 등대로는 천백여 년 전 바이킹이 이 땅을 발견하고 처음 도착했다는 레이캬네스 (Reykjanes) 반도에 위치한 '레이캬네스비티 (Reykjanesviti)' 등대였다. 하지만 1878년 지진과 침식으로 그 자리를 지키지 못하였고 결국 1908년에 등대가 완전히 교체되었다. 우리가 오로라를 만난 곳도 바로 이 기념비적인 등대가 자리 잡은 곳이고 그 상징성 때문에 현지인들에게도 많은 사랑을 받는 등대로 알려져 있다. 그 외에도 Tripadvisor (트립어드바이저)가 뽑은 등대 TOP5는 1. Grotta Lighthouse (Reykjavík) 2. Akranes Lighthouse (Akranes) 3. Hopsnes Lighthouse (Grindavik) 4. Faro de Gardur (Gardur) 5. Garðskagi Lighthouse (Gardur) 등이 있다. 반드시 순위에 있지 않다고 하더라도 해변 끝에 외로이 서 있는 등대는 그 자체로도 매력적인 풍경이니, 혹시 링로드를 도는 동안 지도에 등대가 보인다면 꼭 한번쯤 차를 세우고 들러보길 권한다. |

08.
아는 만큼 보이는 아이슬란드어

| 언뜻 보면 외계어같은 아이슬란드어는 합성어가 많아서 여행을 준비할 때 몇 가지만 기억해두면 조금 더 수월하게 지명을 기억할 수 있다. 개인적으로는 북한말 같기도 한 느낌이 드는데 이유는 단순히 두 단어를 합성하여 만든 단어가 많기 때문이다. 간단한 단어지만 한 단어로 외우려면 어쩔 수 없이 길어질 수 밖에 없는 것도 아마 그 때문일 테다. 예를 들면 1. **Eldur** (불) **+ Hús** (집) **= Eldhús** (주방) 2. **Mör** (뚱뚱한) **+ gæs** (거위) **= Mörgæs** (펭귄) 이라니, 흥미롭지 않은가? 여행에 유용한 단어들을 몇 개 정리하자면 다음과 같다. |

Vík (비크 – 해안가) :
Reykjavík, Keflavík, Vík

Fjörður (피요르드 – 빙하가 깎아 만든 U자 형태의 만) :
Seyðisfjörður, Ísafjörður, Hafnarfjörður

Foss (포스 – 폭포) :
Gullfoss, Dettifoss, Seljalandsfoss

Bær (바이르 – 마을) :
Garðabær, Fellabær, Mosfellsbær

Jökul (요쿨 – 빙하 또는 눈덮인 산) :
Jökulsárlón, Eyjafjallajökull, Vatnajökull

09.
오로라 (Nothern Light) 헌터가 되자

| 아이슬란드가 많은 이들의 버킷리스트에 자주 거론되는 가장 큰 이유는 어쩌면 오로라 때문일 것이다. 오로라를 목격할 수 있는 같은 위도의 다른 나라들보다는 온도가 훨씬 높은 편이라는 이유만으로도 아이슬란드를 택할 이유는 충분하다. 당신이 오로라 헌터가 될 각오가 되어 있다면 더 많은 정보를 몸으로 부딪치며 습득할 수 있겠지만 그 전에 아주 기본적인 정보 몇 가지만 공유하자면, 오로라는 10월~3월 사이가 가장 강렬하게 모습을 드러내는 시즌이므로 그 기간에 방문한다면 더 정확한 오로라 헌팅을 위해 오로라 지수를 알려주는 사이트를 주의 깊게 보아야 한다. 오로라 지수는 0~9까지 있고 그날의 오로라 지수는 사이트를 통해 미리 확인 가능하지만 행여 오로라 지수가 낮더라도 구름이 없는 곳으로 갈수록, 주변이 어두울수록 오로라를 볼 확률은 높아진다. 그래서 오로라 헌터들은 차를 타고 더 어두운 곳으로, 구름이 적은 곳으로 오로라의 움직임을 보며 찾아가는 것이다. 오로라는 그 자체만으로도 이미 신비롭지만 매번 그 밝기, 크기, 모양이 달라 매번 그 감동도 다르다. 때문에 오로라를 이미 보았던 사람들도 잠을 포기하면서까지 그 경이로움을 보기 위해 헌터를 자처하며 좇아다니는 것일 테다. 실제로 여행 중 새벽까지도 카메라를 손에서 놓지 않고 로비를 서성이는 많은 이들을 목격했고, 우리도 사람들이 없는 곳으로 차를 달려 몇 시간 만에 오로라를 볼 수 있었으니, 기억하면 유용한 팁이 될 것이다. 하지만 오로라를 보기 위해 무엇보다 중요한 건 오로라를 보겠다는 의지와 추위에 맞설 수 있는 체력 그리고 인내심, 노력일 것이다. |

10.
아이슬란드의 축제 캘린더

January
| Þrettándinn 엘프 모닥불과 춤으로 유명한 페스티벌
| Þorrablót 겨울축제

February
| Sónar Reykjavík 뮤직 아트 페스티벌
| Bolludagur (커다란 슈크림)의 날

March
| Bjórdagur (3월 1일) 맥주의 날
| 푸드 페스티벌 | 디자인 페스티벌

April
| EVE Fanfest (전 세계 EVE 플레이어를 위한 온라인 팬 페스트)

May
| 레이캬비크 아트 페스티벌

June
| 바이킹 페스티벌 (Hafnarfjörður / 하프나르피외르뒤르)
| 랍스터 페스티벌 (Höfn)

July
| Siglufjörður 포크 뮤직 페스티벌
| Eistnaflug 헤비메탈 페스티벌

August
| 레이캬비크 재즈 페스티벌 | Menningarnótt 레이캬비크 문화의 날
| 물고기의 날 (Dalvík) | 요쿨살론 불꽃축제 (Jökulsárlón)

September
| 레이캬비크 인터내셔널 필름 페스티벌
| 레이캬비크 인터내셔널 문학 페스티벌

October/November
| 에어웨이브 (AIRWAVE) 뮤직 페스티벌

December
| 새해 전야제

ICELAND

#008 _ 아이슬란드로 떠나는 당신을 위한 8가지 팁

01.
SIM CARD를 살까? 로밍을 할까?

아이슬란드의 SIMINN 4G 칩은 공항에서 나올 때 면세점에서 구매가 가능하다. 깜빡하고 면세점을 이미 통과했다면, 출구 바로 근처에 위치한 편의점에서도 바로 구매가 가능하니 잊지 말고 구매하자. 로밍보다 저렴하고 자유롭게 데이터를 쓸 수 있으며 비상시 현지에서 통화가 가능한 장점이 있다. (데이터 전용 카드와 통화가 함께 되는 카드 두 종류가 있음) 특히 겨울의 아이슬란드는 추위도 길고 날씨 예측이 불가하다. 예상치 못하게 고립될 경우도 있으므로 안전하고 저렴한 유심 카드를 추천한다.

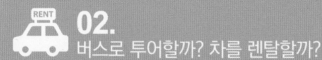

02.
버스로 투어할까? 차를 렌탈할까?

아이슬란드 여행은 대부분 투어나 렌탈 중 하나를 택하는 경우가 많다. 투어의 경우에는 주의해야 할 사항이 많지 않으나 여행 중에도 뒤집힌 차량을 두 번이나 본 경험자로써 렌탈 시, 자갈 보험. 화산재 보험은 반드시 들어두길 권한다. 또한 길이 아닌 곳을 주행하는 것은 엄격히 금지되어 있다. 이는 운전자의 안전과도 밀접하게 연관되어 있지만 손상된 자연의 복구에는 수 년의 시간이 걸리기 때문이기도 하다.

www.icelandtravel.is의 Self-drive 부분을 참고하자.

03.
미리 예약할까? 현장에서 구매할까?

경험상, 비수기인 겨울에는 바로 전날 숙소를 예약해도 여유가 있는 편이었지만, 여름의 아이슬란드는 성수기이고 또 밀려오는 관광객 대비 숙소가 충분하지 않기 때문에 숙소는 약 3개월 전에 예약해두는 것이 좋다. 그 외의 투어는 대부분 여행을 시작하는 첫 도시인 레이캬비크 시내의 투어 센터에 들러 미리 예약을 해두는 것을 권한다. 빙하 투어, 고래 투어 등은 대행하는 곳이 많기 때문에 선택의 폭이 넓은 편이지만 늦어도 2~3일 전에는 온라인이나 유선상으로 미리 투어 예약을 해두자. 각종 투어 정보는 숙소에 비치된 책자를 참고하는 것만으로도 충분하다. 블루라군과 그 바로 옆의 블루라군 호텔의 경우 입장 인원이 한정되어 있고 워낙 인기가 많은 곳이라 미리 예약을 하지 않으면 입장이 불가하다.

04.
사서 먹을까? 직접 요리할까?

아이슬란드에서는 판매하는 생수나 수돗물의 수질이 거의 같다. 실제로 음식점에서도 수돗물을 받아 서빙하는 경우도 많아서 굳이 매번 값비싼 생수를 구매할 필요는 없다. 주위의 산으로부터 발원한 자연적인 샘물에서 얻기 때문에 끓이거나 정화할 필요도 없다. 따라서 식수가 확보된다면 비싼 물가에 대비해 마트에서 식재료를 사서 직접 만들어 먹는 것도 추천할 만하다. 분홍색 돼지가 그려진 BONUS 마트가 가장 일반적이며, 가장 늦게까지 오픈하는 Netto도 현지인들이 애용하는 마트 중 하나이다. 단 방문 전, 반드시 개점, 폐점 시간을 확인할 것을 권한다.

05.
여름에 갈까? 겨울에 갈까?

개인적으로는 차가운 질감의 아이슬란드가 매력적이었지만 여름의 아이
슬란드는 겨울보다 더 많은 것을 허락해준다. 때문에 아이슬란드를 가까
운 곳에서 경험해보고 싶다면 여름의 아이슬란드를, 아이슬란드스러운 풍
경을 원한다면 겨울을 추천한다. 1월 평균 기온은 0℃, 산악 지역을 제외한
7월 평균 기온은 11℃인 아이슬란드의 여름은 겨울보다는 따뜻하지만 여
전히 쌀쌀한 편이다. "지금 날씨가 마음에 안 든다 하더라도 15분만 기다
려 보라"라는 말이 있을 정도로 기상은 불안정한 편이지만 늘 안전을 염두
에 두고 여유롭게 즐긴다면 언제든 만족할 만한 여행이 될 것이다. 여름에
는 아침 저녁의 온도차를 생각해서 초겨울 날씨라는 생각으로 옷을 준비할
것, 한겨울에 여행한다면 한겨울에 입는 옷을 기준으로 옷을 준비할 것. 단
지형의 특성상 반드시 편안한 등산화를 준비할 것을 권한다.

06.
캠핑을 할까? 숙소에서 잘까?

아이슬란드에서는 어디에서든 캠핑을 할 수 있는 환경이 잘 구비되어 있다. 링로드를 돌면서 캠핑을 할 예정이라면 가능한 장소를 뜻하는 표지판이 곳 곳에 세워져 있으니 어디든 차를 세우고 캠핑을 하면 된다. 하지만 몇 가지 주의사항은 지키도록 하자. 예를 들어 농장 근처에서는 허락 없이 캠핑을 해서는 안 되며, 땅 소유주에게 허락을 받아야 한다. 또한 한 그룹에서 가져 온 텐트가 세 개 이상이 넘어갈 경우에도 반드시 소유주에게 허락을 받아 야 한다고 한다. 더 자세한 내용은 다음의 사이트를 참고하자.

http://tjalda.is/en/

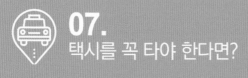

07.
택시를 꼭 타야 한다면?

아이슬란드에서는 택시를 탈 일이 거의 없고 또 없길 바라지만, 예외의 상황에서 택시를 타는 방법은 간단하다. 단 뉴욕이나 우리나라처럼 식별 가능한 컬러의 차량은 아니기 때문에 다음의 번호로 전화해서 미리 예약을 해야한다. 가지고 있는 짐의 개수나 인원에 따라 부를 수 있는 택시의 크기는 다양하다. 하지만 기본 요금이 700Isk (약 7,000원) 에서 시작하고 차에 오르는 순간부터 계산을 끝내는 마지막 순간까지 어마어마한 금액이 카운트되므로 가능하다면 이용을 권하지는 않는다. 가장 많이 알려진 택시 회사는 다음과 같다. Hreyfill +354 588 5522 BSR +354 561 0000

08.
오로라가 뜨면 알려준다?

오로라 지수나 당일의 날씨는 많은 사이트에서 확인 가능하지만 (www.en.vedur.is 등) 오랜 시간 뜬눈으로 기다리는 것이 힘들다면 호텔 프런트에서 오로라 알람 신청을 해두자. 대부분의 호텔은 시간과 상관없이 오로라가 떴을 경우 신청자에게 알람으로 알려주는 서비스를 하고 있다.

ICELAND

01.
엘프를 믿는 사람들

| 아이슬란드의 국민 54.4%가 엘프의 존재를 믿고 있다. Huldufólk. 영어로는 Hidden People 이라 불리는 엘프(Elf)는 우리가 흔히 생각하는 작고 귀여운 요정의 이미지라기 보다는 사람의 형태를 한, 하지만 눈에 보이지 않는 존재들이다. 전해 내려오는 이야기에 따르면 엘프는 아담과 이브의 자손들로, 신이 이브와 그의 아이들을 만나기 위해 땅에 내려오게 되는데 그녀는 미처 씻기지 못한 더러운 아이들을 신에게 보여주기 부끄러워 아이들을 숨긴다. 그녀의 속임수에 화가 난 신은 아이들이 사람들로 하여금 볼 수 없도록 하는 벌을 내리게 된다. 그 후 아이슬란드 사람들은 엘프를 보이지 않는 사람들이라 믿게 되었고 엘프는 스스로 원할 때에만 그 모습을 드러낸다고 믿고 있다. 엘프들은 특정 기간 동안에는 활발히 움직이는데 특히 모닥불 주위에서 춤을 추는 걸 즐긴다고 한다. 언뜻 듣기엔 그저 재미있는 이야기에 불과한 이 전설을 사람들은 여전히 진지하게 생각하고 있고, 엘프는 아트 상품, 책, 심지어 TV 캐릭터까지 다양한 곳에서 만날 수 있는 사랑받는 존재가 되었다. 몇몇 도로는 엘프가 살고 있는 바위 근처에 있다는 이유만으로 주민들이 반대해 다른 곳으로 옮겨지기도 했고 실제로 여행 중에는 바위틈이나 풀밭에 살고 있는 엘프들을 위해 작은 집이나 교회가 지어져 있는 것을 흔히 목격할 수 있다. 이런 진지한 믿음 속에 1991년 레이캬비크에는 엘프 전문가를 키우는 학교가 설립되었고 이곳에서는 다른 신화 속 생명체인 요정, 트롤, 난쟁이, 꼬마 도깨비 등에 대해서도 배운다고 한다. |

02.
크리스마스에 찾아오는 13명의 악동들

304

| 아이슬란드 국민들은 크리스마스 기간 동안 산타클로스 대신 13명의 익살맞은 트롤(Jólasveinar / Yule Lads)이 찾아온다고 믿는다. 귀여울 것 같은 이 녀석들은 우리가 생각하는 산타클로스처럼 착한 캐릭터라기 보다는 악동에 가깝다. 실제로 여행 중에 만난 친구는 어릴 때 이 이야기를 들으며 엄청나게 무서웠다고 고백했다. 기념품도 쉽게 만날 수 있을 뿐만 아니라 사람들은 아직도 Black city라 불리는 검은 현무암 숲에 이 악동들이 살고 있다고 믿고 있다. 뭔가를 훔치기 위해 12월 12일부터 한 명씩 마을로 내려온다고 전해지는 이 녀석들을 하나씩 소개하면 다음과 같다. |

12/12 **Stekkjarstaur** 양을 괴롭히는 녀석이지만 걷기 힘든 뻣뻣한 다리를 가졌다

12/13 **Giljagaur** 암소에게 우유를 훔칠 기회를 기다리고 있는 녀석이다

12/14 **Stúfur** 이들 중 가장 키가 작은 녀석으로, 남은 음식을 긁어 먹을 수 있는 팬을 훔쳐간다

12/15 **Þvörusleikir** 가장 마른 녀석으로, 음식을 만드는 긴 나무 숟가락을 핥는다

12/16 **Pottaskefil** 이 녀석은 남은 음식을 핥아 먹기 위해 냄비를 훔쳐갈 기회를 노린다

12/17 **Askasleikir** 침대 아래에 숨어 사람들이 자기 전 가져다 놓은 음식을 훔쳐 먹는 녀석

12/18 **Hurðaskellir** 심술꾸러기 이 녀석은 사람들을 깨우기 위해 문을 쾅 닫고 다닌다

12/19 **Skyrgámur** 아이슬란드 전통 요거트인 Skyr를 훔쳐 먹는 녀석이다

12/20 **Bjúgnakrækir** 사람들이 소시지를 굽는 동안 소시지를 훔쳐갈 기회만 노린다

12/21 **Gluggagægir** 훔쳐갈 만한 것을 찾기 위해 창밖에서 집 안을 훔쳐본다

12/22 **Gáttaþefur** 엄청나게 큰 코를 가진 이 녀석은 냄새로 훔칠 음식을 찾아낸다

12/23 **Ketkrókur** 고기를 좋아하는 녀석으로, 가진 갈고리를 이용해 고기를 훔친다

12/24 **Kertasníkir** 아이들을 따라다니며 촛불을 훔쳐가는 녀석

03.
신이 새겨진 화폐, 크로나

| 아이슬란드 화폐 단위는 아이슬란드 크로나 (Icelandic króna)로, 덴마크 (Danish krone), 스웨덴 (Swedish krona), 노르웨이 (Norwegian krone)처럼 스칸디나비아 화폐 동맹을 맺은 국가들은 조금의 발음 차이만 있을 뿐 같은 화폐 단위를 가지고 있다. 흥미로운 건 노르드 신화 (Norse mythology) 또는 북유럽 신화라 불리는 신화의 종주국답게 아이슬란드는 동전마저도 예사롭지 않다는 것. 1/5/10/50/100 크로나. 이렇게 총 다섯 가지로 나뉘는 동전은 하나하나 들여다보면 어업이 왕성한 국가답게 각 앞면에는 상징적인 어종들이 새겨져 있는 걸 볼 수 있다. 1크로나의 앞면에는 '대구,' 5크로나는 앞면에는 '돌고래,' 10크로나는 방어과의 작은 물고기들, 50크로나에는 '바다 게' 그리고 100크로나에는 '럼피시'라 불리는 물고기가 새겨져 있다. 뒷면에는 아이슬란드를 지키는 4개의 수호신들이 새겨져 있는 것을 볼 수 있다. 아이슬란드의 동쪽을 지키는 용, 남쪽을 지키는 황소, 북쪽을 지키는 독수리 그리고 아이슬란드 서쪽 지방인 스네펠스요쿨 (Snæfellsjökull)을 지키는 신이 되었다는 반인 반신의 바르두르 (Bardur)가 아이슬란드를 상징하는 십자 방패 틀 안에 자리하고 있는 것이다. 오래 전 덴마크의 식민지로 보낸 몇백 년의 세월이 여전히 아픈 기억으로 남아 있기 때문일까. 신화 속 수호신을 동전의 뒷면까지 새겨 넣은 것은 아마 외부 침략자들로부터 이 아름다운 나라를 지키고 싶은 그들의 마음을 담은 것이리라 생각된다. |

04.
딸의 성으로 아빠의 이름을 안다

｜ 대부분의 아이슬란드인은 조상의 이름을 따서 성(Surname)을 만들게 되어 있다. 여자는 아버지의 이름 다음에 dottir (-도띠르), 남자는 son (-손)을 붙인다. 예를 들어 아버지 이름이 Alfred라면 아들의 성은 Alfredson, 딸의 성은 Alfredottir가 되는 것이다. 이런 작명법 때문에 아이슬란드에서는 성보다는 이름을 우선시하고 심지어 전화번호부도 성이 아닌 이름 순으로 분류되어 있다. 아이슬란드에서는 우연히 만난 이성에게 호감이 있더라도 서로 친척인지 알기 힘들다. 실제로 현지에서 만난 친구들은 아이슬란드 전 국민의 계보를 검색해볼 수 있는 앱을 하나씩 갖고 있었다.

아이슬란드의 계보 웹사이트 'Íslendingabók.is' 에 따르면, 아이슬란드 주민은 단일 가계도에서 유래하는데 모두가 서로 잘 아는 건 아니어서 친척끼리 데이트를 하는 경우도 비일비재했다고 한다. 이런 이유로 몇 년 전, 3명의 엔지니어가 'Íslendingabók' 라는 데이터베이스용 앱을 만들었고, 이 앱은 현재 상대방이 친척인지 아닌지를 체크하는 용도로 쓰이고 있다. 처음 출시되었을 때 슬로건은 다음과 같았다고 한다. "Bump the app before you bump in bed. – 침대에서 만나기 전에 앱을 켜세요." ｜

05.
바이킹의 건배, Skál!

| 세계 어느 나라에나 한마음으로 술잔을 높이 들고 힘차게 부딪치며 외치는 단어가 있다. 하지만 아이슬란드에서 건배를 뜻하는 'Skál'은 우리 생각보다 더 중요한 의미를 지닌다. 우리나라의 정서를 대표하는 단어가 '정'이라면 아이슬란드의 정서를 대표하는 것이 바로 이 'Skál - 쓰까울'이기 때문이다. 이 단어가 왜 아이슬란드를 대표하는 단어가 되었는지는 현지에서 친해진 친구로부터 들을 수 있었다. 'Skál'의 사전적 의미는 움푹한 그릇이라는 뜻인데, 옛날 바이킹은 한 마을을 점령하면 으레 그 마을을 휩쓸며 전리품을 획득하거나 마을 주민들을 학살했다고 한다. 그럴 때면 머리를 가로로 잘라 안을 파내고 그곳에 술을 채워 건배를 하곤 했다는 것이다. 이때 상대방의 술과 자신의 술이 섞이게 되는데 그것은 독이 들어 있지 않음을 확인하는 과정이자 바이킹들끼리의 신뢰를 상징하는 행위였다. 그러면서 외쳤던 단어가 바로 'Skál.' 유래를 듣고 나니 그 호쾌한 어감의 '스까울!'이 왠지 으스스하게 느껴지기도 했지만 현대에 와서는 그 역사를 함축한 짧고도 대표적인 단어로 일상 속에 자리 잡은 듯하다. 기회가 된다면 큰 덩치에 새하얀 피부를 가진 바이킹의 후손들 속에 섞여 잔을 높이 들어 Skál! 이라고 외쳐보자. 과연 아이슬란드 사람들만의 뜨거운 무언가가 느껴질 테니. |

"아, 아이슬란드 가보고 싶다"

| '아, 아이슬란드 가보고 싶다.' 이 책의 마지막 장에서 당신이 갖는 생각이 이 한 문장이었으면 좋겠다. 여행에 필요한 구체적인 방법들은 이미 수많은 웹사이트를 통해 찾을 수 있고 또 여행을 위해 이것저것 뒤적이는 그 유영의 시간 또한 여행을 준비하는 자에게 오롯이 주어진 즐거움이니 그것마저 방해하고 싶지는 않다. 그저 '아이슬란드'라는 나라에 아무런 생각이 없던 누군가에게 아이슬란드를 슬쩍 권해보고 싶었고, 가보지 않은 사람들에게는 가보고 싶은 마음이 들도록, 가지 못하는 사람들에게는 나와 함께 겨울과 여름의 아이슬란드를 돌고 온 기분을 느낄 수 있길 바란다.

아이슬란드는 이를테면 이런 나라이다. 올여름 두 번째로 아이슬란드를 여행했을 때 첫날 묵었던 숙소는 노부부가 살고 계신 레이캬비크에 위치한 아담한 크기의 가정집이었다.

깨끗했지만 오래된 집이라 열쇠도 제대로 갖춰져 있지 않았기에 불안해 하던 내게 할머니는 웃으며 이렇게 얘기했다. "안심해도 돼. 이 방의 여자 손님은 혼자 빙하 하이킹을 하러 왔고, 저기 저 방의 남자애는 늦게 돌아올 거야. 밤에 고래를 보러 나간다고 했거든. 그리고 일층에는 쌍둥이 남자애들이 방을 쓰는데 엘프처럼 순한 아이들이야."라고. 고래를 보겠다며 밤 웨일 요트에 오른 남자와 홀로 빙하 탐험을 온 여자, 그리고 아이들을 엘프에 비유하는 이런 나라가 어디 있겠는가? 지구상에 하나뿐인, 지구보다 더 태초의 지구를 간직한 나라. 매 순간이 천국보다 낯선 나라. 때문에 나의 바람은 오직 한 가지. 지금이라도 당신이 이 나라로 직접 떠나고 싶어졌으면 하는 것이다. 아니, 떠나지 않아도 좋다. 여기까지이거나, 혹은 여기부터 진짜 여행을 떠나보거나, 그 답은 결국 당신에게 있을 테니. |